电子电工技术入门一月通

液晶电视机维修一月通

（第3版）

孙姣梅　王忠诚　编著

电子工业出版社

Publishing House of Electronics Industry

北京·BEIJING

内 容 简 介

本书根据初学者的心理特点及学习要求而编写,讲述了液晶电视机的电路原理、工作过程及故障检修方法。全书从实用角度出发,以液晶屏的结构、开关电源、背光驱动电路和主板电路作为主要讲解对象,采用图话式讲解模式,通过师徒对话,逐步引出知识精髓,轻松做到让初学者在一个月内掌握液晶电视机的维修技巧。

本书适用于中职、高职学校及大学电子类专业的学生使用,还可作为电子爱好者的自学用书。

未经许可,不得以任何方式复制或抄袭本书之部分或全部内容。
版权所有,侵权必究。

图书在版编目(CIP)数据

液晶电视机维修一月通 / 孙姣梅,王忠诚编著. —3 版. —北京:电子工业出版社,2019.11
(电子电工技术入门一月通)
ISBN 978-7-121-37478-4

Ⅰ.①液… Ⅱ.①孙… ②王… Ⅲ.①液晶电视机-维修 Ⅳ.①TN949.192

中国版本图书馆 CIP 数据核字(2019)第 208863 号

策划编辑:牛平月
责任编辑:康 霞
印   刷:北京七彩京通数码快印有限公司
装   订:北京七彩京通数码快印有限公司
出版发行:电子工业出版社
         北京市海淀区万寿路 173 信箱 邮编:100036
开   本:787×1092 1/16 印张:16 字数:409.6 千字 黑插:1
版   次:2011 年 9 月第 1 版
         2019 年 11 月第 3 版
印   次:2024 年 1 月第 4 次印刷
定   价:68.00 元

凡所购买电子工业出版社图书有缺损问题,请向购买书店调换。若书店售缺,请与本社发行部联系,联系及邮购电话:(010)88254888,88258888。
质量投诉请发邮件至 zlts@phei.com.cn,盗版侵权举报请发邮件至 dbqq@phei.com.cn。
本书咨询联系方式:niupy@phei.com.cn。

序　　言

教育部在《面向 21 世纪深化职业教育教学改革的原则意见》中指出："职业教育要培养同 21 世纪我国社会主义建设要求相适应的，具有综合职业能力和全面素质的，直接在生产、服务、技术和管理一线工作的应用型人才。"这不仅是我国职业教育改革的核心指导思想，也为我国中等职业学校教材研发指明了方向。

目前，我国大部分中等职业学校采用国家规划教材，这对于规范全国的中等职业教育内容，提高整体教学质量有很大的促进作用，但同时也面临着一个很现实的问题：国家规划教材具有很强的系统性和阶段性，更新周期较长，缺乏灵活性、针对性和时效性。这就需要工作在职业教育一线、具有丰富教学经验的教师们积极研发新教材，作为国家规划教材的有力补充。新教材应把"学以致用"，培养"一线工作的应用型人才"和"大国工匠"作为研发目的，注重培养学生的学习兴趣，充分发挥学生的学习潜能，真正让学生学而不厌，即学即用。本着这一初衷，我们向电子工业出版社申报了《中职电子专业对话式、图话式教材探究与开发》大型课题研究项目，并获准立项。

近年来，由于国家对职业教育发展的高度重视和大力推动，中职教育也得到了迅猛发展，但毋庸讳言，我国的中职教育仍然存在学生厌学，毕业后不能很好地适应社会需要的现状。如何让中职学生"好学，学好；好就业，就业好"，这是摆在我们每个职业教育工作者面前的难题。要想攻克此难题，就得从改革职业教育的教学内容和教学方法入手，而新教材的研发正是教学内容、教学方法改革的源头。

通过对现有中职电子专业主干课程教材的研究，我们发现普遍存在以下一些现象。

（1）强调理论的完整性和系统性，忽视知识的实用性。由于专业课教材过多地注重理论的完整性和系统性，难度大且实用性不强，不符合中职学生的认知水平，忽视了中职学生在接受知识时对课程实用性的需求，从而助长了学生的厌学情绪，容易使学生滋生学习无用的思想。

（2）教材版面呆板，缺乏趣味性。很多教材大篇幅采用文字表述，问题描述不直观。由于缺少图片的支持，尤其是实物图片的支持，教材内容显得呆板，缺乏趣味性，学生学习倍感单调和难以理解。教材使理论与实践严重脱节，学生学过以后，仍然无法把理论与实际联系起来。

（3）教材内容更新缓慢，严重滞后于应用电子技术的发展步伐。例如，某些关于电视机技术的教材，"黑白电视机原理"仍然占有较大篇幅，新设备、新工艺、新材料、新技术没有及时反映到教材中去，学生毕业后当然无法适应电子企业的需要。

（4）知识点不够精练，不利于循序渐进地展开教学。中职教育的学制一般为两至三年，理论教学与实践教学的比例要求为 1∶1。这就要求专业课程的理论教学做到少而精。加之电子专业的知识具有前后连贯性，大部分课程不能同时讲授，如果教材的知识点太庞杂，并且循序渐进地展开教学，就无法在有限的课时内完成教学任务。

针对以上现象，我们通过《中职电子专业对话式、图话式教材探究与开发》课题研究项目，开发了这一套"电子电工技术入门一月通"丛书。本套丛书包括《电子元件与电路一月通》、《电冰箱与空调器维修一月通》、《彩色电视机维修一月通》、《液晶显示器与液晶电视机维修一月通》、《电工技术应用一月通》、《电子电路制作与工艺一月通》。该套丛书出版后，得到业内各相关学校师生的肯定，好评不断。事隔数年，我们根据读者回馈信息及教学培训实践，对《液晶显示器与液晶电视机维修一月通》进行改版，删除了原书中液晶显示器方面的内容，对液晶电视机部分进行了扩展和充实，使全书的实用性得到进一步提升，更贴合当今初学者的需求。

本套书着重从以下几个方面进行了大胆尝试。

（1）以易学够用为原则，打破理论完整性和系统性的约束，做到即学即用。通过多年对电子专业教学的摸索，我们总结了相关行业对电子专业理论与实践的要求，加大了教材中实用知识的篇幅，压缩甚至删减了中职毕业生在实际工作中极少涉及或无须涉及的理论知识，降低了学生入门的难度，并能在实际工作中快速上手。

（2）改变以文字表述为主的编写模式，完全采用图表、对话的讲述模式，这种模式使教材版面耳目一新，让学生又找回类似童年时看连环画的浓厚兴趣。学生通过大量的实物和示意图片，非常轻松地把理论与实践联系起来，甚至在实习时可以做到按图索骥、无师自通。教材以中职学生的认知水平设置情境对话，既激发了学生的学习兴趣，又避免了他们对大段枯燥文字的畏惧和厌烦。

（3）精练和整合多门专业主干课程，更加适合电子专业的教学规律，使课程能在较少的课时内循序渐进地完成教学。学生若每天学习3~4课时，则每本教材可在一个月内学完。

总之，随着我国职业教育在国民教育体系中地位的提升，以及社会对职业人才需求的增长，中职电子专业教育对专业主干课程教材的标准也在提高。中职电子专业主干课程教材的研发必须与学术研究联系起来，紧跟时代步伐，不断地调整思路与模式，力求同时适应学生、企业和市场三方面的需求。我们也相信这套教材一定能够调动学生的学习兴趣，达到学有所获的目的，也一定能够减轻教师的教学压力，收到寓教于乐的效果。

为了便于读者查阅，书中电路图中的元器件符号及其标注均与原机型电路图一致，未进行标准化处理，在此特加以说明。

编 著 者

前　言

这是一本专门讲述液晶电视机维修技术的专业图书，全书一反常态，按日安排学习内容，力求在一个月内让读者轻松掌握液晶电视机的基本原理及维修技巧。全书共由四部分内容构成，第 1~4 日主要讲解工具与仪器仪表的使用方法及贴片元件的识别与检测方法；第 5~6 日主要讲解电视信号及彩色电视制式；第 7~8 日主要讲解液晶显示屏（简称液晶屏）的结构；第 9~30 日主要讲解液晶电视机的电路结构、工作过程及检修方法。

本书与同类图书相比，具有如下几个特点。

1. 趣味性强，吸引力大。本书的版面设计非常活跃，采用图话式讲解方法，通过师徒对话，逐步引出知识精髓，轻松做到让初学者在一个月内掌握液晶电视机的电路结构及常见故障的检修方法。翻开本书，很容易被书中的页面风格和讲解方式所吸引。阅读本书，就如同阅读连环画一样，引人入胜，让人难以自拔，并在不知不觉之中掌握书中内容。可以毫不夸张地说，只要你拥有本书，就会告别学习的痛苦，而享受到学习的乐趣。

2. 图文同页，阅读方便。每一幅图片与它的对应文字都位于同一页中，阅读时，无须翻页，更不会产生视觉疲劳和眼花之感。

3. 篇幅小，节省学习时间。全书按 30 天安排学习内容，能让初学者充分明白自己每天的学习任务和学习目标。

4. 起点低。充分考虑初学者的知识现状和快速入门的要求，从最基本的维修工具和测量仪表谈起，读者只要具有初中以上的文化程度就能学好本书的主体内容。

5. 突出知识的够用性和实用性。编写此书时，理论讲解不追求深，只追求够用，对于那些在实践中用不到或很少用到的知识，基本不谈；对于那些复杂的数学分析也基本不谈。本书将重点放在知识的实用性方面，如各单元电路的工作过程、检修方法等。

本书适合大学、高职院校、中职学校电子专业学生使用，也适合电子专业短期培训班学员使用。当作为教科书时，可按 120 课时教学。

参与本书编著的还有钟燕梅、王逸轩、陈兴祥、宋兵等，在此表示感谢。同时得到了蒋茂方、王进军、易尚凯、戴孝良、曹成、张晓勇等同志的大力支持，在此一并表示感谢。

目　录

第 1 日　专用工具 (1)
　　一、防静电恒温烙铁 (1)
　　二、防静电手环和防静电手套 (3)
　　三、热风枪 (4)

第 2 日　示波器 (6)
　　一、示波器的面板结构 (6)
　　二、示波器的使用 (9)
　　三、分析与思考 (12)
　　四、数字示波器 (13)

第 3 日　频率计与电视信号发生器 (16)
　　一、频率计 (16)
　　二、电视信号发生器 (19)

第 4 日　贴片元件的识别与检测 (23)
　　一、贴片电阻的识别与检测 (24)
　　二、贴片电容的识别与检测 (26)
　　三、贴片电感的识别与检测 (28)
　　四、贴片二极管的识别与检测 (28)
　　五、贴片三极管的识别与检测 (29)
　　六、贴片场效应管的识别与检测 (30)
　　七、贴片集成电路的识别与检测 (30)

第 5 日　电视信号 (31)
　　一、电子扫描 (31)
　　二、图像信号的形成 (33)
　　三、色度学知识 (34)
　　四、视频信号与射频信号 (36)

第 6 日　彩色电视制式 (40)
　　一、NTSC 制（正交制） (41)
　　二、PAL 制（帕尔制） (42)
　　三、SECAM 制（塞康制） (43)
　　四、PAL 制彩色电视信号的编码与解码 (44)

第 7 日　液晶显示屏（上） (47)
　　一、液晶分子及液晶显示技术的特点 (47)
　　二、液晶显示屏的结构 (49)
　　三、背光源 (51)
　　四、偏振片（偏光片） (53)

第8日 液晶显示屏（下） (54)
- 一、TFT 基板及滤色器基板 (54)
- 二、液晶显示屏的驱动原理 (57)
- 三、液晶显示屏的主要性能参数 (59)
- 四、液晶屏组件 (60)
- 五、液晶显示屏的故障 (61)

第9日 液晶电视机的结构 (63)
- 一、初识液晶电视机 (63)
- 二、信号传输方式 (64)
- 三、常用的信号接口及信号端子 (67)

第10日 液晶电视机的电路结构 (72)
- 一、液晶电视机的电路结构框图 (72)
- 二、液晶电视机的机芯 (75)
- 三、电路板 (76)
- 四、各组件之间的连接方式 (79)
- 五、液晶屏组件的附属电路 (81)

第11日 电源电路 (83)
- 一、电源电路的结构形式 (83)
- 二、普通式电源电路 (84)
- 三、PFC+双电源式电源电路 (88)
- 四、PFC+单电源式电源电路 (89)
- 五、电源电路中的关键元器件 (90)

第12日 由LD7576构成的开关电源 (91)
- 一、LD7576概述 (91)
- 二、电源电路的结构 (94)
- 三、开关电源电路分析 (95)
- 四、故障检修 (99)

第13日 长虹LT32510电源（上） (101)
- 一、电源结构框图 (101)
- 二、EMI 滤波及输入整流滤波电路 (102)
- 三、PFC 电路 (102)
- 四、副电源 (105)

第14日 长虹LT32510电源（下） (110)
- 一、谐振式电源的基本原理 (110)
- 二、L6599 介绍 (111)
- 三、主电源分析 (114)
- 四、开机/待机控制 (117)

第15日 长虹LT32510电源故障检修 (118)
- 一、电源板故障的判定 (118)
- 二、PFC 电路的检修 (119)

三、副电源的检修 …………………………………………………………………（121）
　四、主电源的检修 …………………………………………………………………（123）
第 16 日　逆变器的基本原理 ……………………………………………………………（125）
　一、CCFL 介绍 ……………………………………………………………………（125）
　二、逆变器的结构 …………………………………………………………………（126）
　三、PWM 脉冲调整控制器 ………………………………………………………（127）
　四、正弦波形成电路 ………………………………………………………………（128）
　五、升压电路 ………………………………………………………………………（129）
第 17 日　由 OZ9938 构成的逆变器 ……………………………………………………（131）
　一、OZ9938 介绍 …………………………………………………………………（131）
　二、逆变器电路结构 ………………………………………………………………（133）
　三、逆变器电路分析 ………………………………………………………………（134）
　四、逆变器的检修 …………………………………………………………………（138）
第 18 日　LED 背光灯驱动电路 …………………………………………………………（141）
　一、LED 简介 ………………………………………………………………………（141）
　二、LED 驱动电路模型 ……………………………………………………………（143）
　三、LED 驱动电路的结构 …………………………………………………………（144）
第 19 日　由 PF7001S 构成的 LED 驱动电路 …………………………………………（149）
　一、PF7001S 介绍 …………………………………………………………………（149）
　二、电路结构 ………………………………………………………………………（151）
　三、电路分析 ………………………………………………………………………（152）
　四、电路检修 ………………………………………………………………………（154）
第 20 日　由 LD7400 和 PF7700 构成的 LED 驱动电路 ………………………………（156）
　一、LD7400 介绍 …………………………………………………………………（156）
　二、PF7700 介绍 …………………………………………………………………（158）
　三、升压电路 ………………………………………………………………………（159）
　四、亮度控制电路 …………………………………………………………………（161）
　五、电路检修 ………………………………………………………………………（163）
第 21 日　主板——结构框图、高频及中频电路 ………………………………………（165）
　一、主板结构框图 …………………………………………………………………（165）
　二、高频电路 ………………………………………………………………………（168）
　三、中频电路 ………………………………………………………………………（169）
第 22 日　主板——伴音电路 ……………………………………………………………（171）
　一、伴音处理电路 …………………………………………………………………（171）
　二、D 类功率放大器 ………………………………………………………………（174）
　三、伴音电路故障检修 ……………………………………………………………（178）
第 23 日　主板——单片平板图像处理器 ………………………………………………（179）
　一、模拟处理模块 …………………………………………………………………（179）
　二、数字处理模块 …………………………………………………………………（180）
　三、存储器接口模块 ………………………………………………………………（182）

四、电源模块 (183)

第 24 日　主板——系统控制电路 (184)
  一、CPU 的外围电路 (184)
  二、CPU 对开机/待机的控制 (186)
  三、CPU 对逆变器的控制 (187)
  四、CPU 对屏电源的控制 (187)
  五、DC/DC 电路 (188)

第 25 日　主板故障检修 (190)
  一、检修液晶电视机应注意的事项 (190)
  二、如何快速提高检修技能 (191)
  三、主板故障的判断方法 (192)
  四、主板的关键检测点 (193)
  五、主板常见故障的检修 (197)

第 26 日　逻辑板 (198)
  一、逻辑板电路结构框图 (198)
  二、逻辑板上各电路介绍 (199)
  三、逻辑板实物介绍 (204)
  四、逻辑板的故障检修 (205)

第 27 日　总线调整 (209)
  一、总线调整举例 (209)
  二、进入维修模式的方法 (215)

第 28 日　软件升级 (216)
  一、康佳 MSD6A918 机芯的软件升级 (216)
  二、创维 8M9X 机芯的软件升级 (219)

第 29 日　液晶电视机整机电路分析（上） (222)
  一、整机介绍 (222)
  二、电源电路 (223)
  三、背光驱动电路 (226)

第 30 日　液晶电视机整机电路分析（下） (230)
  一、高频处理电路 (230)
  二、VGA 信号输入电路 (232)
  三、USB 信号和 HDMI 信号输入电路 (233)
  四、AV 信号及分量信号输入电路 (234)
  五、平板图像处理器（主芯片） (235)
  六、DC/DC 电路 (239)
  七、数字伴音功放电路 (242)

附录 A　长虹 LT32510 液晶电视机电源电路图
附录 B　康佳 LED32P300CE 液晶电视机电源电路

第1日　专用工具

> 师傅：徒弟们，检修液晶电视机等数字设备时，通常需要用到一些专用工具及仪表，掌握这些工具及仪表的使用方法有利于提高检修效率和确保检修过程中的安全。
> 徒弟：在检修液晶电视机时，电烙铁和万用表还有用吗？
> 师傅：当然有用，电烙铁和万用表仍然是最常用的工具及仪表，但由于液晶电视机的主板为数字电路，因此在检修主板时，必须用到一些专用的工具及仪表，今天我们就来了解一下这些特殊的工具及仪表。

一、防静电恒温烙铁

> 师傅：防静电恒温烙铁常用来焊接或拆卸数字板上的元器件，还可用于清理线路板上的余锡。由于防静电恒温烙铁的焊头不带静电，因此可有效防止元器件被静电击穿；由于防静电恒温烙铁的温度可调且恒定，因此可根据不同焊点的要求来设定温度。
> 徒弟：防静电恒温烙铁的外形是怎样的？能不能让我们见识一下？
> 师傅：目前，防静电恒温烙铁的型号很多，如赛克936、AT969D等。下面介绍一下这两种烙铁的外形及特点。

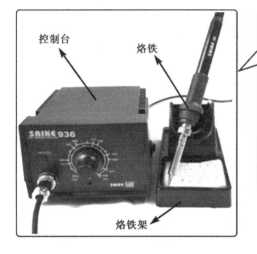

> 师傅：这是赛克936型防静电恒温烙铁，它包含控制台、烙铁及烙铁架三部分，主要特点如下：
> （1）手柄轻巧。
> （2）采用陶瓷发热芯，升温速度快，使用寿命长。
> （3）温度可调，准确恒温。
> （4）耗电为60W。
> （5）输出电压为24V。
> （6）调温范围为200～480℃。

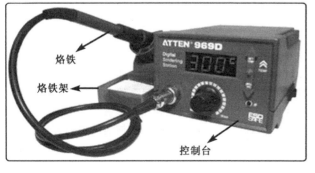

> 师傅：这是AT969D型防静电恒温烙铁，它在赛克936的基础上做了如下一些改进：
> （1）采用不锈钢发热芯，与烙铁头紧密接触，测温灵敏，升温迅速，使用寿命长。
> （2）采用单片机控制，控温精确、稳定。
> （3）数码管显示温度，操作方便、快捷，显示直观。
> （4）智能化温度管理，防止操作人员误调温度。
> （5）自动休眠功能，20分钟无操作即自动进入休眠（200℃）状态，任意操作即可唤醒，烙铁迅速恢复至所设置的温度。
> （6）具有故障检测功能，发热体损坏时，数码屏显示"- - -"提示，方便维护。

使用方法如下:

(1) 将烙铁与控制台接连好,将控制台的电源插头插入插座,打开电源开关,观察指示灯的闪烁情况。
(2) 将烙铁的温度调节在200~480℃之间,观察烙铁头的温度变化情况。
(3) 待烙铁温度达到焊接所需的温度且保持恒定时就可以焊接了。
(4) 操作结束后,应关闭控制台的电源开关。

师傅: 使用防静电恒温烙铁时很有讲究,若使用不当,就会缩短烙铁的使用寿命,甚至会损坏线路板。

徒弟: 有哪些讲究?

师傅: 使用防静电恒温烙铁时,一定要注意以下几点。

(1) 烙铁的温度不宜调得过高或过低。温度过高会减弱烙铁头的功能,甚至会烫坏元器件,因此应尽可能地选择较低的温度。但温度过低,又不能使焊锡充分熔化,无法保证焊点的可靠性,容易造成虚焊、假焊等情况。在选择温度时,一定要根据实际情况而定,只要确保能够充分焊接就可以了。

(2) 用防静电恒温烙铁清理线路板时,不能用力过大,否则会损伤电路板。

(3) 在检修过程中,若暂时不用烙铁,应将烙铁的温度调低,否则会使烙铁头上的焊剂转化为氧化物,从而使烙铁头的导热功能下降。

(4) 使用结束后,应抹净烙铁头,并镀上新锡层,以防止烙铁头表面发生氧化。

(5) 应定期使用清洁海绵清理烙铁头。焊接后,烙铁头上的残余焊剂衍生的氧化物和碳化物会损害烙铁头,造成焊接效果变差,或者使烙铁头导热功能减退。长时间连续使用烙铁时,应每周拆开烙铁头一次清除氧化物,防止烙铁头受损而降低温度。

二、防静电手环和防静电手套

师傅：人体因摩擦而产生的静电往往高达几千伏，甚至上万伏，这种静电一旦施加到高阻的数字电路上，会有损坏数字电路的危险，因此，在生产或检修数字电路时，要求防静电操作。

徒弟：检修液晶电视机时也要求防静电操作吗？

师傅：检修液晶电视机的模拟板（如电源板）时，不必防静电操作；但检修数字板（主板）时，要求防静电操作。因为数字板上有大规模数字芯片，容易被静电击穿。

徒弟：如何才能做到防静电操作？

师傅：戴上防静电手环或手套，就能做到防静电操作。

徒弟：师傅，请您介绍一下防静电手环和防静电手套吧。

师傅：好的。防静电手环分为有线防静电手环和无线防静电手环两种类型。使用时，将它戴在手腕上即可。防静电手套的形状与普通手套相同，但它由防静电材料制成，使用时，将它戴在手上即可。

师傅：这是有线防静电手环，它由防静电松紧带、活动按扣、弹簧软线及夹头组成。防静电松紧带的内层用防静电纱线编织，外层用普通纱线编织。检修液晶电视机或液晶显示器的数字板时，将防静电手环戴在人体手腕上，将夹头夹在地线上，人体的静电就能通过防静电手环排放至大地（放电过程能在0.1s内完成）。

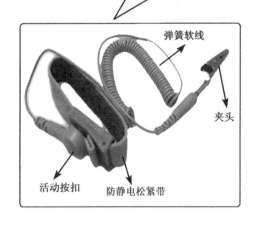

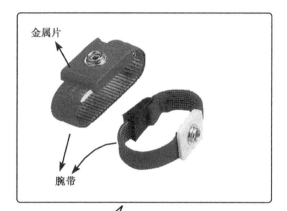

师傅：这是无线防静电手环，腕带内层由数十匝不锈钢纤维织成，并与使用者的手腕全面接触；腕带外层由尼龙和橡胶带织成，使腕带能与使用者的皮肤保持松软接触。利用腕带内层金属将人体静电传递至金属片，通过内置电阻而放掉。无线防静电手环的防静电效果不如有线防静电手环好。

师傅：防静电手套采用特种防静电手套布制作，基材由锦纶和导电纤维组成，手套具有极好的弹性和防静电性能，能避免人体产生的静电对电路造成破坏。

师傅：提醒你，当没有防静电手环和防静电手套时，先用手触摸一下金属物件也能将静电放掉。但要注意，每隔几分钟就得触摸一下金属物件，才能确保手上无静电积累。

三、热风枪

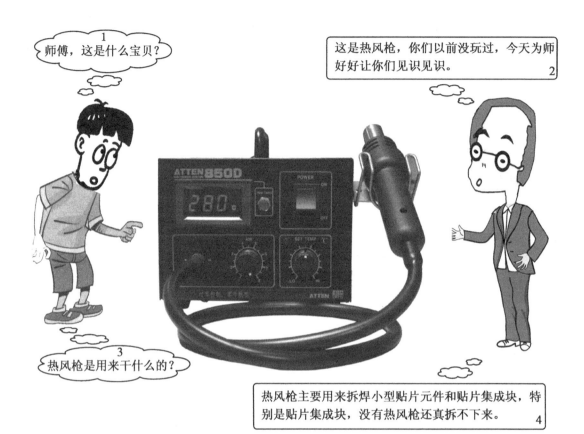

1. 师傅,这是什么宝贝?
2. 这是热风枪,你们以前没玩过,今天为师好好让你们见识见识。
3. 热风枪是用来干什么的?
4. 热风枪主要用来拆焊小型贴片元件和贴片集成块,特别是贴片集成块,没有热风枪还真拆不下来。

师傅:上述热风枪是由安泰信公司推出的,其型号为AT850D,它具有如下一些特点:
(1)智能型设计,外形美观大方,操作灵活、方便;
(2)热风加热,升温快,除锡干净彻底,属国内外首创;
(3)热风温度从环境温度至500℃连续可调,出风口温度自动恒定;
(4)热风风量在0~20L/min之间连续可调;
(5)防静电,全自动恒定焊接温度;
(6)配有不同内径的吸锡针和风嘴,适用于不同元器件的拆焊。
　　瞧,这是所配的各式风嘴。

徒弟:这真是个好宝贝,可惜我还不会用,师傅,您教教我们吧。
师傅:好吧,可你们要认真学啊。
徒弟:这个自然。

师傅：正确使用热风枪可提高维修效率，如果使用不当，会将电路损坏。例如，有的维修人员在取下贴片元件时，发现线路板掉焊点，甚至在吹焊大规模贴片集成块时出现短路现象，导致更换新集成块后机器仍不能正常工作。这实际是维修人员不了解热风枪的特性造成的。因此，如何正确使用热风枪是维修数字板的关键。

徒弟：师傅，使用热风枪的方法究竟是怎样的呢？

师傅：其实只须掌握两点就够了，一是如何使用热风枪吹焊小贴片元件；二是如何使用热风枪吹焊贴片集成块。下面，我们就围绕这两点来谈谈。

这是吹焊小贴片元件的方法。

小贴片元件主要包括片状电阻、片状电容、片状电感及片状晶体管等。对于这些小型元件，一般使用热风枪进行吹焊。吹焊时一定要掌握好风量、风速和气流的方向。如果操作不当，不但会将小元件吹跑，还会使吹掉的焊锡散落在电路板上形成短路现象。吹焊小贴片元件一般采用小风咀，热风枪的温度调至2～3挡，风速调至1～2挡。待温度和气流稳定后，便可用手指钳夹住小贴片元件，使热风枪的风咀离欲拆卸的元件2～3cm，并保持垂直，在元件的上方均匀加热，待元件周围的焊锡熔化后，用手指钳将其取下。如果焊接小元件，要将元件放正，若焊点上的锡不足，则可用烙铁在焊点上加注适量的焊锡，焊接方法与拆卸方法一样，只要注意温度与气流方向即可。

这是吹焊小贴片集成块的方法。

用热风枪吹焊小贴片集成块时，首先应在芯片的四周引脚或表面涂放适量的助焊剂，这样既可防止干吹，又能帮助芯片四周或底部的焊点均匀熔化。由于小贴片集成块的体积较大，所以在吹焊时可选用大一点的风咀，热风枪的温度可调至3～4挡，风速可调至2～3挡，风枪的风咀离芯片2.5cm左右为宜。吹焊时应在芯片上方均匀加热，直到芯片四周或底部的锡珠完全熔解，此时用手指钳将整个芯片取下。需要说明的是，在吹焊此类芯片时，一定要注意是否影响周边元件。另外芯片取下后，线路板上会残留余锡，可用烙铁将余锡清除。若焊接芯片，应将芯片与线路板的相应位置对齐，焊接方法与拆卸方法相同。

这是吹焊大规模贴片集成块的方法。

吹焊大规模贴片集成块时，应把热风枪的枪嘴去掉，热风枪的温度调到6挡，风速调到7～8挡，实际温度为280～290℃，风嘴离集成块的高度为8cm左右。然后用热风枪吹集成块四边，待焊锡熔化后，即可完好无损地取下集成块。

第2日 示波器

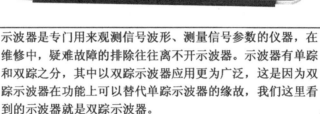

示波器是专门用来观测信号波形、测量信号参数的仪器,在维修中,疑难故障的排除往往离不开示波器。示波器有单踪和双踪之分,其中以双踪示波器应用更为广泛,这是因为双踪示波器在功能上可以替代单踪示波器的缘故,我们这里看到的示波器就是双踪示波器。

一、示波器的面板结构

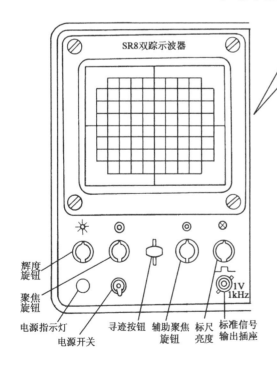

徒弟:师傅,示波器面板上的开关、旋钮及插孔太多了,您能不能详细介绍一下?
师傅:好的。我们先来看看左下方的旋钮,各旋钮的名称如左图所示,作用如下。

(1)电源开关:用来接通或关闭示波器。
(2)辉度旋钮:用来调节波形亮度。
(3)聚焦旋钮:用来调节扫描线的粗细。
(4)辅助聚焦旋钮:用来配合聚集旋钮调节扫描线的粗细。
(5)标尺亮度:用来改变刻度线的照明亮度。
(6)寻迹按钮:按下此键后便可寻找光点的位置。
(7)标准信号输出插座:可输出标准信号。

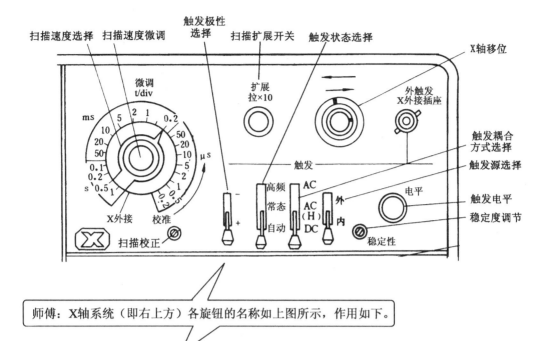

师傅：X轴系统（即右上方）各旋钮的名称如上图所示，作用如下。

（1）扫描速度选择（t/div）：扫描速度选择共有20挡，从0.2μs/div～1s/div，决定光点沿X轴方向移动的速度（即沿水平方向每扫描一格所需的时间）。X外接挡用于X轴输入。

（2）扫描速度微调：用来连续微调扫描速度。当转到"校准"位置时，扫描速度由"t/div"所指的数值来决定。

（3）扫描校正（电位器）：对扫描速度进行校正。

（4）扫描扩展开关：它是推拉式开关，推进时，仪器为正常状态；拉出时，波形沿水平方向扩大10倍，此时，读出的频率需乘以10才是被测信号的频率。

（5）X轴移位：这是一个套轴式旋钮，内、外两层均可调，用于调节光点或波形的水平位置。

（6）外触发X外接插座：作外触发时，连接外触发信号。作X输入时，连接X轴外接信号，外接信号峰值应小于12V。

（7）触发电平：用于选择输入信号波形的触发点。

（8）稳定度调节：使屏幕上的波形稳定。当波形不稳定时可调节该旋钮，但不需要经常调节。

（9）触发源选择：有"内"、"外"两挡，在"内"挡位置时，触发信号取自Y轴通道的被测信号；在"外"挡位置时，触发信号取自外来信号。

（10）触发耦合方式选择：共有3挡。

"AC"挡：交流耦合方式，不受直流分量的影响。

"AC（H）"挡：低频抑制的交流耦合方式，即触发信号中抑制了低频噪声和低频触发信号。

"DC"挡：直接耦合方式，可用于对变化缓慢的信号进行触发扫描。

（11）触发状态选择：共有3挡。

"高频"挡：扫描处于高频触发状态，有利于观察高频信号波形。

"常态"挡：扫描处于普通触发状态。

"自动"挡：扫描处于自动触发状态，有利于观察低频信号波形。

（12）触发极性选择：共有两挡。

"+"挡：以触发输入信号波形的上升沿进行触发启动扫描。

"－"挡：以触发输入信号波形的下降沿进行触发启动扫描。

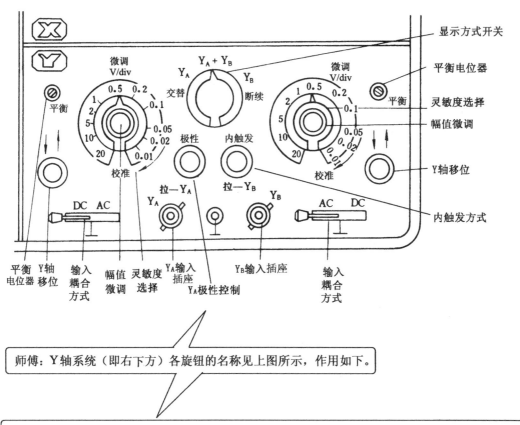

师傅：Y轴系统（即右下方）各旋钮的名称见上图所示，作用如下。

（1）显示方式开关：分5个不同的挡。
交替挡：两个Y轴交替工作，适宜观察频率较高的被测信号。
断续挡：两个Y轴轮流工作，适宜观察频率较低的被测信号。
Y_A、Y_B：单通道工作方式。
$Y_A + Y_B$：两个通道同时工作。
（2）输入耦合方式：置于"DC"位置时，为直流耦合方式，只能输入含直流分量的信号。
置于"AC"位置时，为交流耦合方式，只能输入交流分量。
置于"⊥"位置时，表示Y轴放大器输入端接地，一般测试直流电平时作为参考用。双踪示波器有两个"输入耦合方式"开关，左边的对应Y_A输入，右边的对应Y_B输入。
（3）灵敏度选择（V/div）：选择垂直方向上的测量灵敏度，即垂直方向上的1格代表多少伏。双踪示波器上有两个"灵敏度选择"开关，左边的对应Y_A输入，右边的对应Y_B输入。
（4）幅值微调：当微调转到满刻度，对准校准位置时，可依"V/div"所指的标称值读取被测信号的幅值。示波器上有两个"幅值微调"，左边的对应Y_A输入，右边的对应Y_B输入。
（5）平衡电位器：当Y轴放大器输入级出现不平衡时，显示的光点或波形就随"幅值微调"的转动而出现Y方向上的位移，平衡电位器就能把这种影响调至最小。示波器上有两个"平衡电位器"，左边的对应Y_A输入，右边的对应Y_B输入。
（6）Y轴移位：调整屏幕上波形的垂直位置。两个"Y轴移位"分别对应Y_A输入和Y_B输入。
（7）Y_A极性控制：推拉式开关。当开关拉出时，即为-Y_A挡，使Y_A反相显示。
（8）内触发方式：推拉式开关。推入时，扫描触发信号取自Y_A及Y_B通道的输入信号，拉出时，扫描触发信号只取自Y_B通道的输入信号。该开关仅在"触发源选择"置"内"位置时起作用。
（9）Y_A、Y_B输入插座：这两个插座分别接Y_A、Y_B探头，用于输入两路被测信号。

二、示波器的使用

师傅，示波器面板上的各个旋钮我们已经认识了，可还是不知如何使用示波器？
1

不用急，现在我就教你们如何使用示波器。
2

在用示波器测量信号之前，先应调出基线，各旋钮所置的位置如下：
(1) 电源开关：置于开启位置。
(2) 辉度旋钮：置于适当位置。
(3) 显示方式开关：置于"Y_A"位置（即选择Y_A作信号输入孔）。
(4) Y_A极性控制：置于"常态"（即推进位置）。
(5) 输入耦合方式：置于"⊥"位置。
(6) 内触发方式：置于"常态"（即推进位置）。
(7) 触发状态选择：置于"高频"或"自动"位置。
(8) Y轴移位：置于中间位置。
(9) X轴移位：置于中间位置。
3

当看到扫描基线时便可调节辉度旋钮使亮度适中；调整聚焦旋钮和辅助聚焦旋钮，使扫描基线达到最清晰的程度；调整"X轴移位"和"Y轴移位"，将基线移至荧光屏的中心位置。若看不到基线，则要按一下寻迹按钮寻找基线方向，然后调整"X轴移位"和"Y轴移位"，将其移至荧光屏中心。若看到的是光点而不是亮线，则可顺时针转动"扫描速度选择"开关，使光点变成亮线。
4

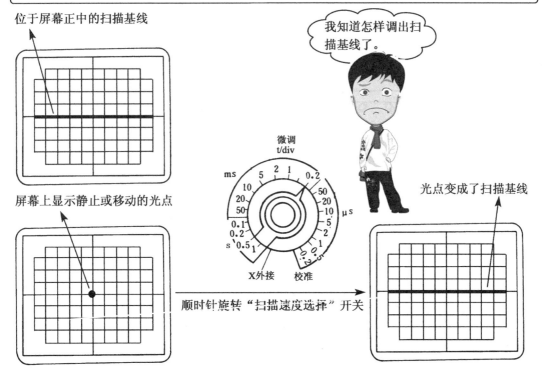

师傅：调出扫描基线后，就可以测量交流信号的幅度及周期了，步骤如下。

（1）将左边的"灵敏度选择（V/div）"开关上的"幅值微调"旋钮置于"校准"位置。
（2）将左边的"输入耦合方式"开关置于"AC"挡。
（3）将被测信号从"Y_A输入"孔送入，此时屏幕上会出现波形。
（4）调节"X轴移位"和左边的"Y轴移位"，使被测信号波形移到屏幕中心。
（5）转动"灵敏度选择（V/div）"开关，使被测信号波形在屏幕的垂直刻度线之内。
（6）将"扫描速度微调"旋钮调至"校准"位置，再调节"扫描速度选择"开关，使屏幕水平方向上能显示出1~3个周期的波形。
（7）在垂直方向上读取波形的波峰和波谷之间所占的格数，再乘以"灵敏度选择（V/div）"开关所指的数值，就可得出被测信号的电压峰-峰值。如果使用的是衰减10倍的探头，则还要乘以10才能得到被测信号的电压峰-峰值。
（8）在水平方向上读出一个周期的波形所占据的格数，再乘以"扫描速度选择"开关所指的数值，就是被测信号的周期。

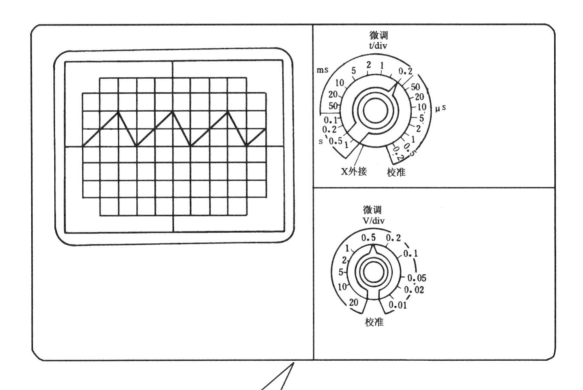

徒弟：师傅，这个锯齿波的幅值和周期是多少？
师傅："V/div"旋钮置于0.5V挡，表示垂直方向上的1格为0.5V，信号高度共为2格，故幅值为1V。"t/div"旋钮置于0.2ms挡，表示水平方向上的1格为0.2ms，信号1个周期共为3格，故信号周期为0.6ms。读幅值时还应注意，若探头有衰减，则读出的幅值还要乘以探头的衰减倍数。
徒弟：原来是这样，现在我也会读幅值和周期了。

师傅：示波器能测量直流电压吗？

当然可以。

在调出基线的基础上再按下列步骤进行即可：
(1) 将"输入耦合方式"开关置于"⊥"位置，此时显示的基线即为零电平的参考基准线。
(2) 将"输入耦合方式"开关转到"DC"位置。
(3) 将"幅值微调"旋钮置于"校准"位置。
(4) 将"显示方式开关"置于"Y_A"（或"Y_B"）。
(5) 从"Y_A输入"（或"Y_B输入"）孔中送入被测信号（注意，被测信号输入孔的选择一定要与"显示方式开关"所置的位置相对应），此时基线在垂直方向上产生了位移。
(6) 基线在垂直方向上的位移格数与"灵敏度选择（V/div）"开关指示值的乘积，就是被测直流电压的大小（如果使用的是衰减10倍的探头，则还要乘上10）。若扫描基线向上移，则表明直流电压为正；若扫描基线向下移，则表明直流电压为负。

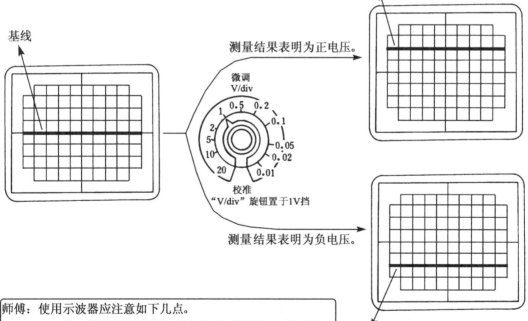

师傅：使用示波器应注意如下几点。
(1) 输入的被测信号幅值不应超过示波器的允许范围。
(2) 旋转各旋钮时，切勿用力过猛，速度不宜太快。
(3) 为提高测量精度，读数时两眼应正视屏幕。
(4) 当不使用探头时，输入信号的连线必须使用屏蔽电缆线，屏蔽地线要直接连在被测信号源的地线上，以减小测量误差。

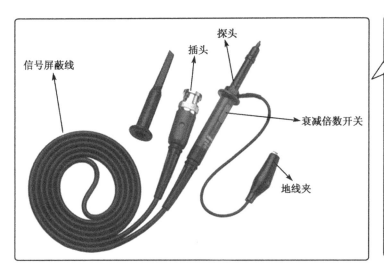

三、分析与思考

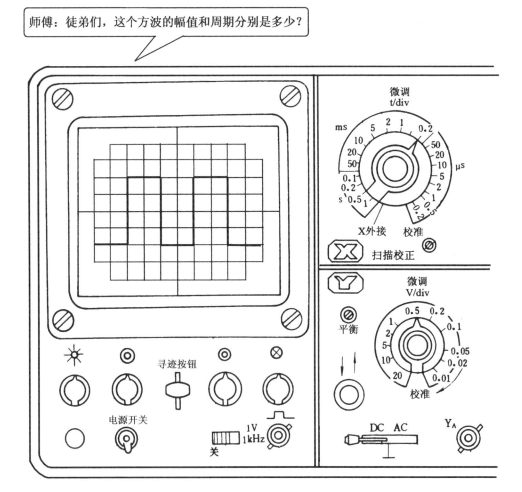

四、数字示波器

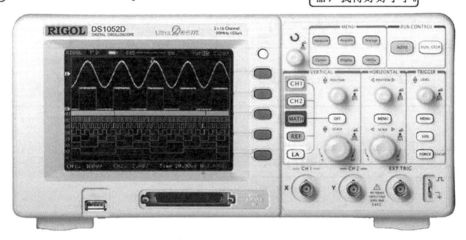

徒弟们,你们认识这个宝贝吗?

屏幕上有波形,难道它是示波器?

是的,它就是示波器,不过它叫数字示波器,是近几年兴起的一种新型示波器,它以LCD屏,即液晶屏作为显示部件,具有体积小、质量轻、操作简单、显示稳定、功能多等优点,因而得到广泛应用。

原来是数字示波器,我得好好学学。

师傅:数字示波器一般具有如下一些功能。

- 双模拟通道,每通道带宽在**20MHz**以上。
- 多个数字通道,可独立接通或关闭。
- 高清晰液晶显示系统,分辨率可达320×234以上。
- 支持即插即用闪存式**USB**存储设备及**USB**接口打印机,并可通过**USB**接口进行软件升级。
- 模拟通道的波形亮度可调。
- 自动波形、状态设置(AUTO)。
- 精细的延迟扫描功能,轻易兼顾波形细节与概貌。
- 自动测量多种波形参数。
- 自动光标跟踪测量功能。
- 独特的波形录制和回放功能。
- 多重波形数学运算功能。
- 多国语言菜单显示。

师傅：这里以普源DS1052D型示波器为例来介绍数字示波器的使用方法，这是普源DS1052D型示波器的面板结构。

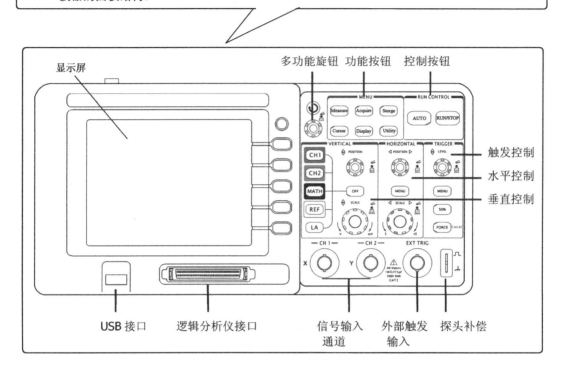

师傅：这是显示界面（仅模拟通道打开）。

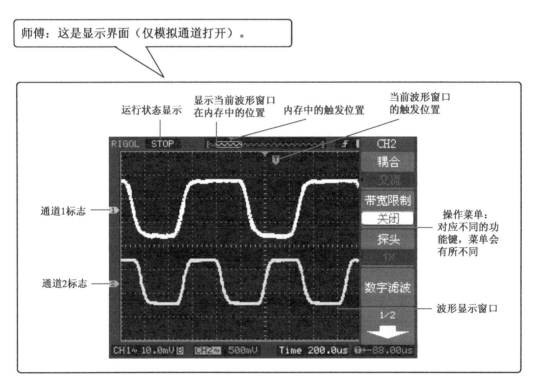

1 师傅，怎样使用数字示波器？

2 要想完全弄清数字示波器的使用还真不容易，但要想初步掌握数字示波器的使用却非常简单。这里我教你们一种最简单的使用方法，保你一学就会。

3 好。

4 在首次将探头与任一输入通道连接时，需要进行探头补偿调节，使探头与输入通道相配。未经补偿校正的探头会导致测量误差或错误。调整探头补偿，请按如下步骤进行：
①先将探头菜单衰减系数设定为"10×"，探头上的开关置于"10×"，并将示波器探头与CH1连接。将探头端部与"探头补偿"端口相连，接地夹与"探头补偿"端口的地线相连，打开CH1，然后按"AUTO"键。②观察显示的波形属下图中的哪一种。③如显示的波形为"补偿不足"或"补偿过度"，则用改锥调整探头上的可变电容，直到屏幕显示的波形为"补偿正确"为止。

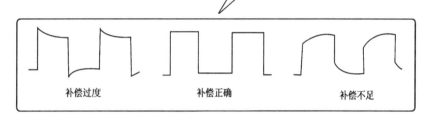

补偿过度　　　补偿正确　　　补偿不足

师傅：数字示波器具有自动设置功能，"自动设置"为初学者观测波形提供了方便，应用"自动设置"时要求被测信号的频率大于或等于50Hz，占空比大于1%。维修人员使用示波器时，总希望能迅速显示信号波形，并测出信号的频率及峰-峰值，利用"自动设置"功能，初学者很容易调出波形，操作步骤如下：

① 将探头菜单衰减系数设定为10×，并将CH1探头上的开关设定为10×。

② 将CH1的探头连接到电路被测点。

③ 按下"AUTO"键，示波器将进行自动设置，使波形显示达到最佳。在此基础上，你可以进一步调节垂直、水平挡位，直至波形的显示符合你的要求。

④ 按下"Measure"键，显示自动测量菜单，此时你可以根据需要选择测量参数。若要将所有的参数全部测量出来，则应将"Measure"菜单中的"全部测量"设置为"打开"，此时18种测量参数值显示于屏幕下方。

第3日 频率计与电视信号发生器

一、频率计

师傅：频率计是一种采用十进制数来显示被测信号频率的测量仪器，具有极高的测量精度，主要用于精确测量各种信号的频率，在液晶电视机维修中常用来测量晶振频率及时钟频率。目前市面上流行的频率计较多。

徒弟：师傅，能否举例介绍一种频率计。

师傅：好的。

1. 初识频率计

目前，市面上流行的频率计较多，这里仅以VC2000频率计为例进行介绍。瞧，这就是VC2000频率计，它实质上是一种多功能智能化仪器，具有频率测量、脉冲计数、晶振测量等功能，并配有4挡时间闸门、5挡功能选择和8位LED高亮显示。测量范围可达10Hz～2400MHz。 1

这个宝贝好像没有示波器复杂，其使用方法应该不难吧。师傅，告诉我们吧。 2

好的。我先要特别强调一点，在仪器的后部有一个"电压转换开关"，它用于切换220V和110V电源电压，我国选用220V电压，所以通电使用前，一定要确保此开关位于"220"上。 3

好险，后部居然有这样的开关，以后我使用该仪器时一定要注意这一点。 4

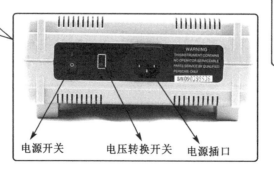

电源开关　　电压转换开关　　电源插口

2. 面板结构

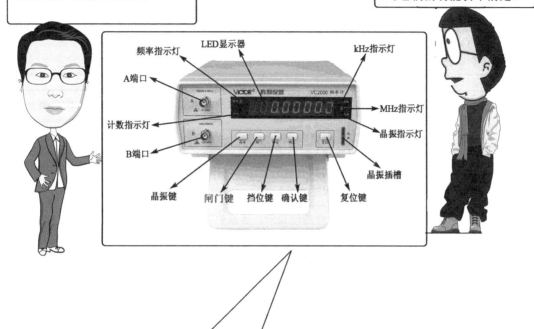

师傅：下面我详细解释各部件的功能。
（1）晶振键：用于测量晶振，当测量晶振时，将被测晶振插入面板右下方的"晶振插槽"，同时按下此键测量，不测晶振时一定要再按此键一次，使振荡线路停振，以确保不对外界产生干扰。晶振频率的测量范围为3.5～16MHz。
（2）闸门键：用于设置测量时的不同计数周期（产生相应的分辨率），共设有4个闸门时间，即0.1s、1s、5s、10s。
（3）挡位键：共设置5个挡位。
挡位1：50～2400MHz量程，A端口输入，测量单位显示"MHz"。
挡位2：4～50MHz量程，B端口输入，测量单位显示"MHz"。
挡位3：10Hz～4MHz量程，B端口输入，测量单位显示"kHz"。
以上 3挡为测量频率挡位，频率指示灯亮。
挡位4：累积计数测量，B端口输入，此时计数指示灯亮。
挡位5：测量晶振，晶振插槽插入晶振，此时晶振指示灯亮，测量单位显示"kHz"。
每次选择好闸门或挡位后，都要按下确认键，频率计便开始工作，每次开机或按复位键后，仪器自动进入上次按确认键后的工作状态。
（4）复位键：当仪器出现非正常状态时，按一下该键，则仪器可恢复正常工作状态。
（5）晶振插槽：用于接插晶振，以便测量晶振振荡频率。
（6）B端口：挡位2、3、4输入端口，输入最大幅值小于30V。
（7）A端口：挡位1输入端口，输入最大幅值小于3V。
徒弟：明白了。

3. VC2000频率计的使用

师傅：使用VC2000频率计时可按以下步骤进行。
(1) 确定电源电压，将"电压转换开关"置于"220"挡位。
(2) 打开频率计的电源开关，预热2分钟。
(3) 将随机电缆插入面板上的输入端，根据频率范围选择插入A或B端口。
(4) 选择适当的功能挡位和闸门时间。闸门时间短，则测量频率速度快，但分辨率低；闸门时间长，则测量频率速度慢，但分辨率高。
(5) 按确认键，仪器开始测量。

徒弟：师傅，您前面说过，VC2000具有频率测量、脉冲计数、晶振测量等功能，能否逐一介绍一下操作过程。

师傅：好的，先介绍一下频率测量步骤。
(1) 根据被测频率的范围选择A端口或B端口。
(2) 设置闸门时间。闸门时间共有4挡，当按闸门键时，闸门时间即按

$$\rightarrow 0.1s \rightarrow 1.0s \rightarrow 5.0s \rightarrow 10s \rightarrow$$

循环，并在LED显示器的前两位显示，显示值即为当前选中的闸门时间，例如，LED显示器的前两位显示 $\boxed{5.0}$，则代表闸门时间为5s，闸门时间越长，分辨率越高，但测量时间相应增长。

(3) 设置挡位。当按挡位键时，挡位按

$$\rightarrow 1 \rightarrow 2 \rightarrow 3 \rightarrow 4 \rightarrow 5 \rightarrow$$

循环，并由LED显示器的最后一位进行显示，例如，显示为 $\boxed{2}$，代表选中第2挡。测量频率时，只能选1、2、3挡，因为第4挡为脉冲计数挡，第5挡为晶振测量挡。

(4) 上述三项操作完成后，按确认键，仪器开始运行并根据按键的设置进行测量，同时将测量结果显示在LED显示器上。

徒弟：这下明白了。

师傅：接下来介绍一下脉冲累计计数操作步骤。
(1) 被测信号从B端口输入。
(2) 设置闸门时间，此时闸门的作用是显示间隔周期。
(3) 挡位设置"4"挡。
(4) 按确认键后即开始累计计数。

徒弟：这个更简单。

师傅：最后介绍一下晶振频率测量步骤。
(1) 将被测晶振插入晶振插槽，按下晶振键。
(2) 设置闸门时间。
(3) 挡位设置"5"挡。
(4) 按确认键即开始测量晶振频率。
(5) 测完晶振后再按一次晶振键使此键弹起，从而晶振线路立即停振，可防止对外界产生干扰。

徒弟：全明白了，谢谢师傅。

二、电视信号发生器

> 师傅：电视信号发生器能输出多种电视信号，是检修液晶电视机的重要工具，借助电视信号发生器可以快速对故障进行定位，从而提高工作效率。
> 徒弟：师傅，能否举例介绍一种电视信号发生器。
> 师傅：好的。电视信号发生器的型号有很多，这里以YZ-2008A为例进行说明。

1. 初识YZ-2008A型电视信号发生器

> 瞧，这就是YZ-2008A型电视信号发生器，它是由高速逻辑器件和专业级视频器件组合而成的，集视频信号处理技术、音频信号处理技术及射频信号处理技术于一体，参照国际及国家相关电视标准，具有很高很准的时序精度及标准的信号格式。

> 这个宝贝按键很少，一定很容易使用。

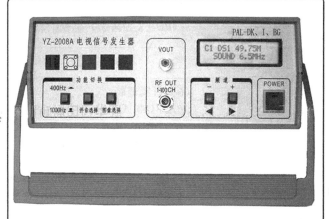

> 师傅：该仪器面板采用LCD直接显示各种参数，由于设计时考虑用户使用的便利性，电路内部已经做了各种处理，因此只要操作5个按键就可以很好地使用。该仪器具有如下一些用途：
> ①测试彩色解码及还原；②测试边缘与中心的各种失真；③测试聚焦；④测试几何失真；⑤测试显像管清晰度；⑥测试会聚良好度；⑦测试亮度及平衡；⑧测试对比度及锐度；⑨测试LCD的坏点与死点；⑩测试频率响应等。广泛用于电视机的研发、电视机的生产、电视机的维修等方面。
> 徒弟：原来电视信号发生器有这么多用途，看来我得好好掌握。

2. 主要技术指标

> 师傅：这是YZ-2008A型电视信号发生器的主要技术指标。

（1）视频信号
PAL标准测试信号　　　NTSC标准测试信号
行频：(15625±2) Hz　　行频：(15734±2) Hz
行同步：(4.7±0.1) μs　行同步：(4.7±0.1) μs
场频：50Hz隔行扫描　　场频：60Hz隔行扫描
周期：20ms　　　　　　周期：16.68ms
色同步：4.43MHz　　　 色同步：3.58MHz

（2）音频载频信号
6.5MHz适用于中国DK制
6.0MHz适用于英国、中国香港I制
5.5MHz适用于德国、荷兰
400Hz和1000Hz的调制由按键转换

（3）射频信号
RF输出幅值大于82 dB/μV。
RF调制度为82 %。
Video S/N Min　53 dB。

（4）视频信号测试图形
16种基本图形，覆盖电视测试的最基本要求，可用于CRT（显像管）、LCD（液晶）、PDP（等离子）电视的测试与调准。

（5）测试信号种类
A：彩条
B：红
C：绿
D：蓝
E：白
F：黑
G：五白块
H：黑底白中心十字线
J：三基色
K：棋盘
L：白底黑中心十字线
M：半彩条（上彩条，下白）
N：四边白块+中心线十字
O：数字丽那图
P：六圆+方格
Q：方格+点

（6）射频调制
①PAL-D制式电视调制器（音频调制6.5 MHz、6.0 MHz、5.5 MHz、4.5MHz任选）。
②100个频道（含增补）。
③LCD显示频道数（CXX）、电视频道（DSXX）、增补（ZXX）与伴音频率（SOUND）。
　例如：C1表示频道数；DS1表示电视1频道（频率显示49.75MHz）；Z1表示增补1频道。
④LCD显示从1～100个频道的频率。
⑤SOUND显示伴音载波6.5 MHz、6.0 MHz、4.5MHz、5.5 MHz，由按键选择上述任意一种。
⑥频道选择，从1～100由加、减两个键控制。

3. 面板结构

这是面板上各部件的名称。

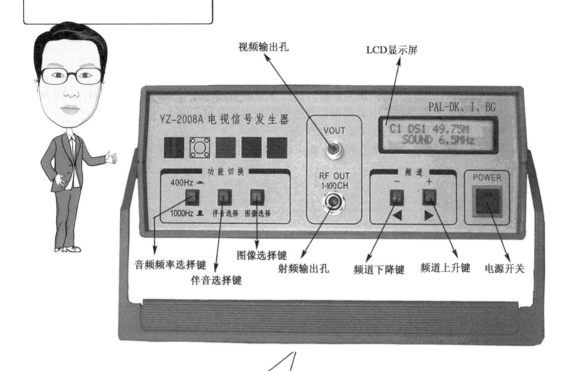

师傅：下面我详细解释各部件的功能。
（1）LCD显示屏：显示信号参数。C表示频道数；DS表示电视频道序号（频率显示在其后面）；Z表示增补频道；SOUND表示伴音载频（频率显示在其后面）。
（2）图像选择键：选择图像类型，共16种图像可选，每按一次键选择一种图像。
（3）频道上升键：每按一次，上升一个频道，开机默认为1频道，按一次该键，上升为2频道，再按一次该键，上升为3频道，以此类推。
（4）频道下降键：每按一次该键，下降一个频道。
（5）伴音选择键：选择伴音载频，共4种频率，即6.5MHz、6.0MHz、5.5MHz、4.5MHz，每按一次该键，改变一次伴音载频。
（6）音频频率选择键：选择音频调制信号频率，按下去，音频调制信号为400Hz，弹起来，音频调制信号频率为1000Hz。
（7）视频输出孔：输出视频信号。
（8）射频输出孔：输出射频信号。

徒弟：明白了。

4. YZ-2008A电视信号发生器的使用

师傅：使用YZ-2008A电视信号发生器时，可按如下步骤操作：
（1）使用前连接好交流220V电源；
（2）调准电视机需要测试的频道；
（3）将射频输出（或视频输出）送至电视机；
（4）打开仪器电源；
（5）让电视机接收信号，图像即可出现；
（6）开机默认的第一幅图像为彩条，第一个频道为1频道，音频载波为6.5MHz，用户根据自己需要，分别调准图像与射频的频道及伴音频率。

徒弟：师傅，能否举个例子告诉我们操作步骤。
师傅：好的。例如，要输出一个二频道PAL-DK制射频信号，操作步骤如下。

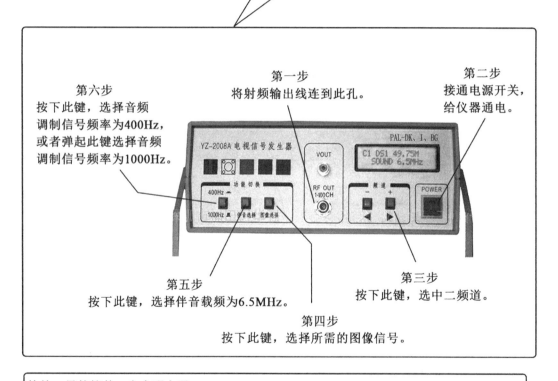

第六步
按下此键，选择音频调制信号频率为400Hz，或者弹起此键选择音频调制信号频率为1000Hz。

第一步
将射频输出线连到此孔。

第二步
接通电源开关，给仪器通电。

第五步
按下此键，选择伴音载频为6.5MHz。

第四步
按下此键，选择所需的图像信号。

第三步
按下此键，选中二频道。

徒弟：果然简单，完全明白了。

第4日 贴片元件的识别与检测

师傅，液晶电视机中用了哪些贴片元件？

原来贴片元件有这么多优点，怪不得液晶电视机中大量使用贴片元件。

液晶电视机中所用的电子元件大多是贴片元件，如贴片电阻、贴片电容、贴片电感、贴片三极管、贴片集成块等。因贴片元件是一种无引线元件（又称SMT元件），它与传统引线元件相比具有体积小、安装密度高、高频特性好、抗干扰性强等特点，因此，液晶电视机特别青睐这种元件。怎样识别和检测贴片元件，是每个维修人员所面对的首要任务。今天我们来学习一下贴片元件的识别与检测。

徒弟：贴片元件的外形是怎样的？
师傅：这是贴片元件常见的外形。

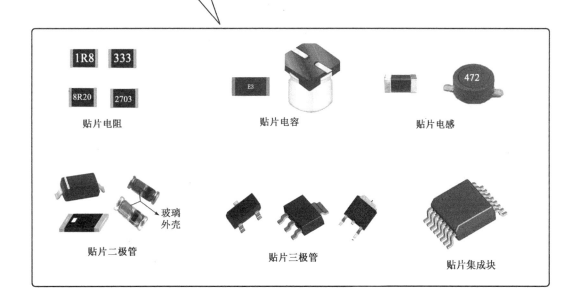

贴片电阻　　贴片电容　　贴片电感

贴片二极管　　贴片三极管　　贴片集成块

一、贴片电阻的识别与检测

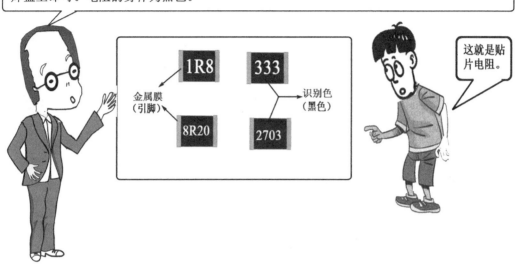

1. 电阻的阻值识别

徒弟：师傅，贴片电阻上所标的数码是什么意思？

师傅：贴片电阻上所标的数码代表电阻的精度和阻值。

徒弟：怎样识别精度和阻值？

师傅：常用的贴片电阻有两种精度，一种为5%，即允许误差为±5%，另一种为1%，即允许误差为±1%。对于精度为5%的贴片电阻来说，其阻值采用三位数码标出；对于精度为1%的贴片电阻来说，其阻值采用四位数码标出。例如，左边的两只电阻精度为5%，右边的两只电阻精度为1%。

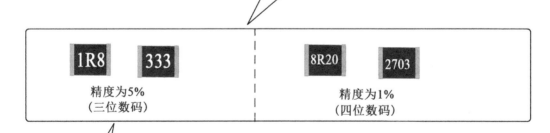

徒弟：师傅，三位数码所代表的精度为5%，但阻值该如何识别呢？

师傅：如果一个贴片电阻上标有"abc"三位数字，则其阻值等于$ab \times 10^c \, \Omega$。例如，某贴片电阻上标有"333"三位数字，说明其阻值为$33 \times 10^3 = 33 \text{k}\Omega$。

对于几点几欧姆的阻值，由于小数点不太容易引起注意，故常用字母"R"来代替小数点，如1R8表示1.8Ω。

徒弟：明白了。

徒弟：师傅，四位数码代表的精度为1%，其阻值该如何识别呢？
师傅：如果一个贴片电阻上标有"$abcd$"四位数字，则其阻值等于$abc×10^d\Omega$。例如，某贴片电阻上标有"2703"四位数字，说明其阻值为$270×10^3$=270kΩ。
　　　对于几点几欧姆或几点几几欧姆的阻值，也用字母"R"来代替小数点，如8R20表示8.2Ω，0R22表示0.22Ω。
徒弟：明白了。

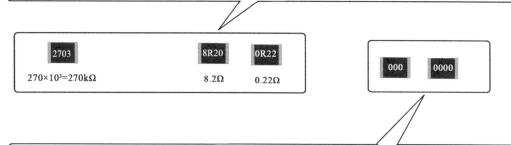

师傅：贴片电阻中存在一种非常特殊的阻值，即0Ω，其上所标的数字为"000"或"0000"。0Ω贴片电阻在电路板中起短路线（或称跳线）的作用。
徒弟：液晶电视机中为什么要用0Ω电阻？
师傅：液晶电视机的主板都是双面板，两面均有铜箔。在双面板中，若两点之间不能设计铜箔连接，就得用0Ω电阻来连接，若用短路线跨接，则容易使得短路线与铜箔之间产生短路现象。
徒弟：明白了。

2. 贴片电阻的检测

师傅：贴片电阻在液晶电视机电路中十分常见，也是故障产生率较高的元件。因此，在检修中经常需要对贴片电阻进行检测。
徒弟：怎样检测贴片电阻？
师傅：检测的手段有两种：一种是在路检测，即对安装在电路板上的元件进行检测；另一种是对单独的元件进行检测。相比之下，第一种检测较难，要考虑电路的综合特性。检测的方法也有两种：一种是观察法；另一种是万用表检测法。
徒弟：能具体介绍一下吗？
师傅：好的。
　　（1）观察法。
　　所谓观察法，就是通过对电阻外表进行直接观察，看电阻是否有变色、烧焦或其他损坏痕迹，观察法是在路检测电阻时不可缺少的。通过检测外表，有时会达到事半功倍的效果。
　　（2）万用表检测法。
　　很多已经损坏的电阻，外表与正常电阻无异，只有通过阻值的测量才能判断其是否损坏。在路测量时，若测量值大于标称值，则说明该电阻已损坏；若测量值小于标称值，则该电阻不一定正常，应根据电路的具体连接进行判别，必要时，应焊下该电阻，进行单独检测。
徒弟：明白了。

二、贴片电容的识别与检测

师傅：贴片电容在液晶电视机中的用量很大，它主要有两种基本类型：一种是普通贴片电容（一般属陶瓷电容）；另一种是贴片电解电容。

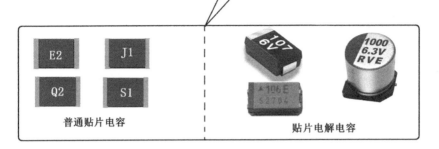

普通贴片电容　　　　　　　贴片电解电容

1. 容量识别

师傅：普通贴片电容采用一个字母和一位数字来表示电容的容量。

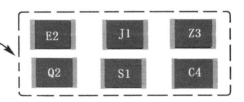

徒弟：怎样识别电容容量？
师傅：字母表示容量值的前两位有效数字，如下表所示。

字母	A	B	C	D	E	F	G	H	J	K	L	M
有效数字	1.0	1.1	1.2	1.3	1.5	1.6	1.8	2.0	2.2	2.4	2.7	3.0
字母	N	O	Q	R	S	T	U	V	W	X	Y	Z
有效数字	3.3	3.6	3.9	4.3	4.7	5.1	5.6	6.2	6.8	7.5	8.2	9.1

师傅：字母后面的数字表示倍乘数（10的幂次），如下表所示。

数字	0	1	2	3	4	5	6	7	8	9
10^n	10^0	10^1	10^2	10^3	10^4	10^5	10^6	10^7	10^8	10^9

师傅：例如，这两个电容的容量分别为150pF和12nF。注意，采用这种方法标识时，容量单位为pF。若数值太大可换算成nF或μF。
徒弟：明白了。

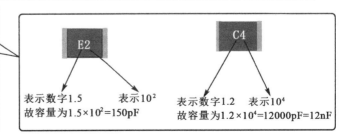

表示数字1.5　　表示10^2
故容量为$1.5×10^2=150pF$

表示数字1.2　　表示10^4
故容量为$1.2×10^4=12000pF=12nF$

师傅：贴片式钽电解电容一般采用三位数码表示容量，识读方法同贴片电阻。耐压采用字母表示，字母一般位于数码后面，也可位于数码前面。有标记的一端为"+"极，另一端为"-"极。

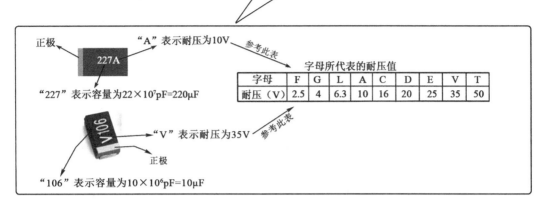

正极
"A"表示耐压为10V
"227"表示容量为22×10⁷pF=220μF

字母所代表的耐压值

字母	F	G	L	A	C	D	E	V	T
耐压（V）	2.5	4	6.3	10	16	20	25	35	50

"V"表示耐压为35V
正极
"106"表示容量为10×10⁶pF=10μF

师傅：贴片式铝电解电容一般采用数字直接标出容量和耐压，电容顶部标有横杠的一端为"-"极，另一端则为"+"极。
徒弟：明白了。

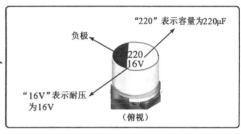

"220"表示容量为220μF
负极
"16V"表示耐压为16V
（俯视）

2. 贴片电容的检测

师傅，贴片电容损坏的现象常见吗？怎样判断贴片电容的好坏？

在实际维修中，因贴片电容损坏而引发的故障还是比较多的，可用万用表检测电容来判断其好坏。

（1）普通贴片电容的检测。
普通贴片电容的容量较小，一般在1μF以下。即使用万用表的10k挡测量，也很难观察其充/放电现象。只可粗略地判别电容是否被击穿或漏电。在用10k挡测量电容时，若表针偏到"0"位置，则说明该电容已被击穿；若指针偏转后固定在某一位置而不回转，则说明该电容漏电。对于小容量电容是否开路，用万用表无法检测，可用电容表检测或采用代换法检修。

（2）贴片电解电容的检测。
贴片电解电容的体积和容量较大，检测比较方便。可通过观察充/放电现象判别其是否损坏，也可用数字万用表直接测其容量。

三、贴片电感的识别与检测

师傅：液晶电视机所用的贴片电感大多是绕线式电感或叠层式电感。绕线式电感做成圆形或内圆外方形，呈黑色，很容易辨认，它的顶部标有数码，代表电感量，识别方法同贴片电阻，单位为μH，如"681"表示680μH。叠层式贴片电感的形状与贴片电阻相似，但厚度和体积比贴片电阻要大一些，识别色为蓝色或白色。

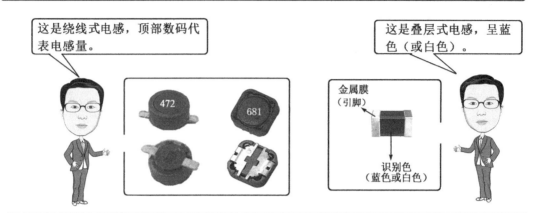

徒弟：师傅，怎样判断贴片电感的好坏？
师傅：用万用表1Ω挡测量时，其阻值应为0Ω或非常接近0Ω。否则，说明电感已损坏。

四、贴片二极管的识别与检测

师傅：液晶电视机中所用的贴片二极管有普通二极管、稳压二极管和孪生二极管三种。

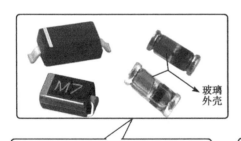

这是普通二极管，一般呈黑色，有两个引脚，一端有一个白色的竖条或小框，表示该端为负极。若是采用玻璃外壳封装的，则负极标有黑色环。

这是稳压二极管，表面一般标有"Z"字符。

这是孪生二极管，其内部封装有两个相同的二极管，它们可以完全独立，也可以具有一定的连接关系。这类二极管有3或4个引脚。

徒弟：怎样检测贴片二极管的好坏？
师傅：用指针式万用表的1k挡进行测量，正向、反向各测一次。如果两次测量中一次阻值较小，而另一次阻值很大（表针几乎不动），则说明二极管良好且阻值较小的那一次黑表笔所接的为正极，红表笔所接的为负极。若测量时两次阻值均很大，则说明二极管开路；若测量时两次阻值均很小，则说明二极管被击穿。

五、贴片三极管的识别与检测

师傅：从结构上讲，贴片三极管与一般的三极管一样，也分为NPN型和PNP型两种。贴片三极管在液晶电视机中极为常见，这里我们从功率角度出发来认识一下贴片三极管。

徒弟：好的。

这是小功率贴片三极管，有3个引脚的，也有4个引脚的。若是4个引脚，则比较大的那个引脚是集电极，另有两个相通的引脚是发射极，余下的一个引脚是基极。

这是大功率贴片三极管，常带有一个散热片，这个散热片也是集电极，它与中间的那个集电极是相通的。

这是散热片，与集电极相连，可充当集电极

这是散热片，与集电极相连，可充当集电极

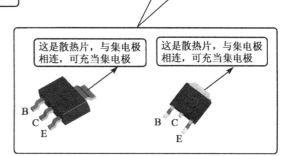

徒弟：怎样检测三极管？

师傅：三极管的检测主要包含两方面的内容，一是引脚的判别，二是管型及质量的判别。

（1）引脚的判别：将万用表置R×1k挡，对三极管的三个引脚进行两两正/反向测量，若能找到一个引脚，将黑表笔置此引脚，红表笔分别置另外两个引脚，管子导通（表针大幅值偏转），而交换表笔后，管子不通（表针不偏转），则说明此管是NPN管且黑表笔所接的引脚是基极。同理，若能找到一个引脚，将红表笔置此引脚，黑表笔分别置另外两个引脚，管子导通，而交换表笔后管子不通，则说明此管是PNP管且红表笔所接的引脚是基极。

待基极确定后，就可进一步判断集电极和发射极了。仍然用万用表R×1k挡，将两表笔分别接基极之外的两个电极。如果是PNP型管，则用一个100kΩ电阻接于基极与红表笔之间，可测得一个电阻值，然后将两表笔互换，同样在基极与红表笔间接100kΩ电阻，又测得一个电阻值，在两次测量中，阻值小的一次红表笔所接的是PNP管集电极，黑表笔所接的是发射极。如果是NPN管，那么100kΩ电阻就要接在基极与黑表笔之间，同样，阻值小的一次黑表笔所接的是NPN管集电极，红表笔所接的是发射极。在测量中也可以用潮湿的手指代替100kΩ电阻接在集电极与基极之间。注意测量时不要让集电极和基极碰在一起，以免损坏三极管。

（2）质量的判别：用万用表可判别三极管的质量。测量时应将万用表置R×1k挡，分别测基极、集电极、发射极之间的正向与反向电阻阻值。若正向电阻和反向电阻的阻值都很大，则说明该三极管开路；若正向电阻和反向电阻的阻值都很小，则说明该三极管已被击穿。值得说明的是，如果三极管的频率特性不好，那么万用表是无法测量的，需用频率特性测试仪进行检测。

徒弟：明白了。

六、贴片场效应管的识别与检测

师傅：贴片场效应管的外形与贴片三极管相似，场效应管是电压控制型器件，具有开关速度快、高频特性及热稳定性好，功率增益大、噪声小等优点。因此，它在液晶电视机中得到了广泛使用，并且液晶电视机中使用的场效应管大多数是MOS管（即绝缘栅场效应管）。

徒弟：怎样检测MOS管？

师傅：MOS管的G-S、G-D之间无论是正向测量，还是反向测量，均不导通，阻值为∞。对于NMOS管来说，正向测量D-S时（黑表笔接D，红表笔接S），应不通，阻值为∞。反向测量时，应导通，阻值为数千欧姆（R×1k挡）。根据这一特点很容易区分D和S。对于PMOS管来说，正向测量D-S时，应导通，阻值为数千欧姆（R×1k挡）；反向测量时，应不通，阻值为∞。

MOS管损坏时，多以D-S击穿为主，测量时，若发现D-S之间无论是正向测量还是反向测量均导通且阻值很小，则说明该管已经损坏。

徒弟：清楚了。

七、贴片集成电路的识别与检测

师傅：集成电路简称IC，液晶电视机中大量使用贴片IC且贴片IC的故障率也较高，在检修时一定要能正确识别IC的引脚顺序，否则，无法修复故障。

徒弟：怎样识别贴片IC的引脚顺序？

师傅：IC的一角有一个圆点标记或缺角标记，从此处按逆时针方向数，分别是1脚、2脚……若IC上没有标记点，则可将IC上的文字放正，从左下角开始按逆时针方向数。

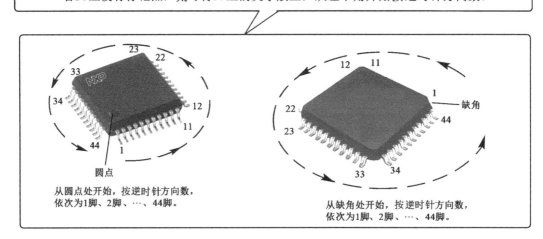

从圆点处开始，按逆时针方向数，依次为1脚、2脚、…、44脚。

从缺角处开始，按逆时针方向数，依次为1脚、2脚、…、44脚。

徒弟：师傅，怎样检测贴片集成电路？

师傅：由于贴片集成电路的内部结构复杂且引脚多，用万用表很难直接判断其质量。在维修中常采用触摸法（有无异常发热）、观察法（有无开裂）、电压测量法及替换法来判断贴片集成电路是否损坏。

第5日 电视信号

一、电子扫描

对于显像管电视机来说,图像显示是依靠电子扫描来实现的。当电子束以足够快的速度不断从左至右轰击荧光屏上的荧光粉时,人眼就会看到一条水平亮线。电子束这种从左到右的运动称为行扫描,也称水平扫描。同理,如果让电子束以足够快的速度不断从上至下轰击荧光粉,人眼就会看到一条垂直亮线。电子束这种从上至下的运动称为场扫描,也称垂直扫描。由于行扫描和场扫描是同时进行的且行扫描的速度远大于场扫描的速度,所以在屏幕上形成一行接一行略向右下方倾斜的水平亮线,这些亮线合称为光栅。

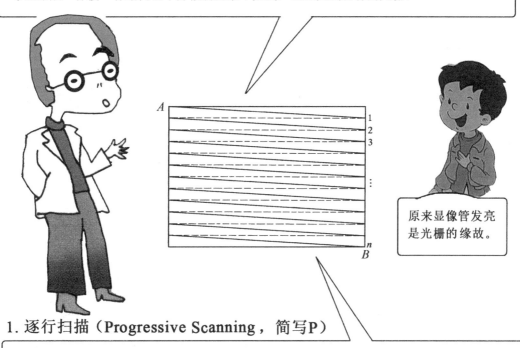

原来显像管发亮是光栅的缘故。

1. 逐行扫描(Progressive Scanning,简写P)

师傅:电子从左至右,从上至下一行紧接一行地扫描,叫逐行扫描。每一行扫描均包含两个过程,即行正程和行逆程(又称行回扫)。行正程是指从左至右的扫描(图中用实线表示);行逆程是指从右回到左的回扫过程(图中用虚线表示)。每一行扫完后,必须飞快地回到下一行的起始端,为下一的行扫描做准备。行正程时间较长,而行逆程时间较短。行正程时间和行逆程时间之和构成一个行周期。由于逆程期间是不传送电视图像的,因此必须将逆程期间的回扫线消隐掉,使它不出现在屏幕上。当电子束从最上端的起始点(A点)开始,扫到最下端的终止点(B点)时,就完成了一场扫描。接着电子束就必须快速返回最上端的起始点(A点),为下一场扫描做准备。逐行扫描方式的优点是图像质量高,缺点是实施起来比较困难,收、发设备比较复杂,因此我国模拟电视系统均采用隔行扫描方式。目前一些数字电视系统采用逐行扫描方式。

2. 隔行扫描（Interlace Scanning，简写I）

师傅：隔行扫描是一种先扫奇数行，再扫偶数行的扫描方式。采用隔行扫描后，一帧（一幅）图像分两场扫完，第一场扫描奇数行（1、3、5…），形成奇数场，如图（a）所示。第二场扫描偶数行（2、4、6…），形成偶数场，如图(b)所示。两场图像镶嵌在一起，构成一帧完整的图像，如图（c）所示。由于我国电视扫描规定，每帧图像的扫描行数为625行，故每场扫描312.5行。
　　隔行扫描的优点是对发射设备和接收设备没有苛刻的要求，比较容易实施，成本较低，故为大多数国家和地区的模拟电视机所采用。

徒弟：原来是这样，怪不得在电视机的说明书中经常看到"隔行"和"逐行"的字眼，原来指的是扫描方式啊！

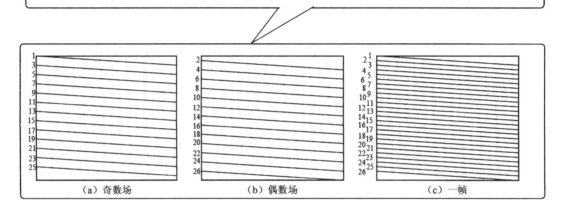

(a) 奇数场　　　　　　(b) 偶数场　　　　　　(c) 一帧

扫描参数的规定

　　不同的国家、地区对电视扫描的参数可能有不同规定，我国对电视扫描的参数规定如下。
　　一帧图像的总行数为625行，分两场扫描，每一场总扫描行数为312.5行。行扫描频率为15625Hz，周期为64μs，其中正程占52μs，逆程占12μs。场频为50Hz（帧频为25Hz），场周期为20ms，其中正程占18.4ms左右，逆程占1.6ms左右。

我还以为所有国家和地区的电视扫描参数都是一样的，原来还不一定呢。

二、图像信号的形成

师傅： 图像信号是由摄像管产生的，图像信号的形成过程可由下图说明。摄像管的主要组成部分是光敏靶和电子枪，如图（a）所示。光敏靶是由光敏半导体材料制成的，这种材料具有在光作用下电导率增加的特性。被传送的图像通过摄像机的光学系统恰好在摄像管的光敏靶上成像，形成"光图像"。由于"光图像"各部分的亮度不同，靶上各部分的电导率也发生了不同程度的变化。与较亮图像对应的单元电导较大（电阻较小）；与较暗图像对应的单元电导较小（电阻较大）。于是，图像上各部分的不同亮度就变成了靶面上各单元电导的不同，"光图像"变成了"电图像"。

从摄像管电子枪阴极发出的电子束，经电场、磁场的作用以高速射向靶面，并在偏转线圈磁场作用下进行扫描。当电子束扫到靶面某点时，就使接地的阴极与信号板、负载（R_L）、电源构成一个回路，如图（b）所示。使负载R_L中有相应的电流流过，电流的大小取决于光敏靶上该点电导的大小。显然，亮区信号电流大，暗区信号电流小。由于扫描按顺序进行，于是便沿着扫描的顺序，把"电图像"上所有像点逐点变为信号电流输出。信号电流流过负载R_L，使输出端C点的电位随之变化，图像信号便以电压的形式从C点输出。显然，亮画面对应的电流大，在负载R_L上压降大，输出端C点电位低；暗画面对应的电流小，在负载R_L上压降小，C点电位高，也就是说，在C点产生的信号电压，高电平处反映了图像的黑暗部分，低电平处反映了图像的明亮部分。这种以高电平为黑色电平，低电平为白色电平的图像信号称为负极性图像信号。由于我国电视扫描方式采用隔行扫描，其行、场扫描频率均有严格规定，在这种扫描方式下，所产生的图像信号最高频率为6MHz左右，因此图像信号带宽为0～6MHz。

徒弟： 原来图像信号是这样形成的，看来并不复杂。

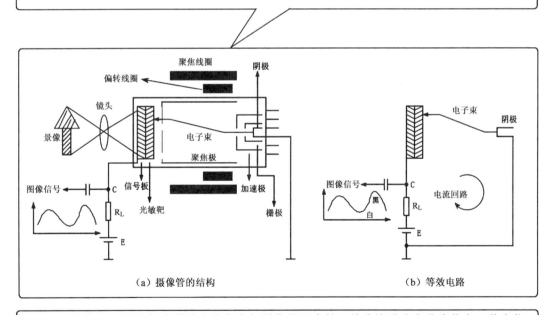

（a）摄像管的结构　　　　　　　　　　（b）等效电路

师傅： 顺便指出，电视机中所播出的声音与图像是同步的，故将这种声音称为伴音。伴音信号是由话筒产生的，它实际上是音频信号，频率为20Hz～20kHz，伴音信号必须与图像信号同步传送。

三、色度学知识

1. 彩色三要素

师傅：光学理论告诉我们，任何一种光都是以电磁波的形式存在的物质。太阳光是太阳上的热核反应所发出的多种波长的电磁波，这些电磁波混在一起，同时作用于人眼，便使人获得白色光的感觉。但是，并不是一切波长的电磁波都能引起人眼的视觉，只有波长为380～780nm之间的电磁波能被人眼所感觉。如果将这个范围内的任何一种波长的电磁波单独送入人眼，就会引起彩色的感觉，形成人们常说的颜色。凡是能够引起人眼视觉反应的电磁波统称为可见光。在可见光范围内，随着波长的不同，光呈现出不同的颜色，例如，随着波长的缩短或频率的升高，光呈现出红、橙、黄、绿、青、蓝、紫等颜色，如下图所示。

徒弟：原来光的颜色是由光的波长决定的，头一次听说。

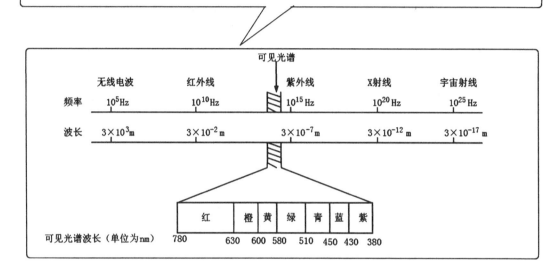

师傅：衡量彩色的物理量有3个，即亮度、色调和色饱和度。常将它们称为彩色三要素，色调和色饱和度统称为色度。

徒弟：亮度、色调和色饱和度指的是什么？

师傅：亮度是指彩色在视觉上引起的明暗程度，它取决于光的强度。

色调是指彩色的种类，是彩色的重要属性。我们所说的红、橙、黄、绿、青、蓝、紫7种颜色，实际上就是指7种不同的色调。色调是由光的波长或频率决定的。

色饱和度是指彩色深浅的程度。同一色调的彩色光可给人深浅程度不同的感觉，如深红、浅红就是饱和度不同的两种红色。深红色的饱和度高，而浅红色的饱和度较低。饱和度最高的称为纯色或饱和色。色度学中把纯色的饱和度定为100%，而色饱和度低于100%的彩色称为非饱和色，认为这是由于白光掺入饱和色中将饱和色冲淡的结果，所以色饱和度又反映了某种彩色光被白光冲淡的程度。

徒弟：原来是这样，明白了。

2. 三基色原理与混色法

（1）三基色原理

师傅：自然界中的彩色虽然千差万别，形形色色，但通过研究后发现，绝大多数彩色可以分解成红(R)、绿(G)、蓝(B)三种独立的基色，而用红、绿、蓝三种独立基色按不同比例混合，可以模拟出自然界中绝大多数彩色。三种基色之间的比例直接决定混合色的色调与饱和度，混合色的亮度等于各基色的亮度之和，这就是三基色原理的基本内容。这里所说的独立基色是指红、绿、蓝三种基色中任一基色不能由其他两种基色来合成，它们之间彼此是独立的，不能互相代替。

徒弟：彩色电视机上所显示的颜色是不是通过红、绿、蓝三种基色混合而得到的？

师傅：聪明，确实如此。

徒弟：师傅，红、绿混合能得到什么颜色？红、蓝混合又能得到什么颜色？绿、蓝混合又能得到什么颜色？

师傅：接下来我介绍一下混色法，了解混色法之后，你就知道这个问题了。

（2）混色法

利用三基色按不同比例混合来获得彩色的方法称为混色法。彩色电视机都是利用相加三个基色来获得彩色图像的，这种方法称为相加混色法。相加混色法如下图所示。由图可知，红色和绿色混合可得黄色，红色和蓝色混合可得紫色，蓝色和绿色混合可得青色，红色、绿色、蓝色三者混合可得白色。相加混色法分光谱混色法、空间相加混色法、时间相加混色法及生理混色法等多种。

目前，液晶屏或彩色显像管都是利用相加混色法中的空间相加混色法来获得彩色图像的。所谓空间相加混色法是指同时将三种基色光分别投射到同一平面的三个相邻点上，只要三个点相距足够近，人眼就会产生三种基色光混合的彩色感觉。

原来是这样，终于明白了。

四、视频信号与射频信号

1. 视频信号

师傅：视频信号有多种具体形式，如三基色信号、亮度信号、色差信号、色度信号、彩色全电视信号（复合视频信号）等，都属于视频信号。

徒弟：什么是三基色信号？

师傅：电视信号是由彩色摄像管产生的，彩色摄像管在摄像时，先将图像分解为红、绿、蓝三幅画面，再转化为红（R）、绿（G）、蓝（B）三种基色信号输出，分别用 U_R、U_G、U_B 表示。

徒弟：什么是亮度信号？

师傅：若用 30% 的红光、59% 的绿光和 11% 的蓝光进行混合，就可得到 100% 的白光，这种关系可用下式来表示：

$$Y=0.30R+0.59G+0.11B$$

该关系式称为亮度公式。若用电压的形式来表示，上式可写成：

$$U_Y=0.30U_R+0.59U_G+0.11U_B$$

式中，U_R、U_G 和 U_B 分别表示红、绿、蓝三基色信号电压；U_Y 表示亮度信号电压。亮度信号只反映图像画面各像点的明暗变化情况，不反映彩色变化情况，它对应的画面是黑白画面。

徒弟：什么是色差信号？
师傅：用三个基色信号分别减去亮度信号就得到代表色度的色差信号。若用U_{R-Y}表示红色差信号，用U_{G-Y}表示绿色差信号，用U_{B-Y}表示蓝色差信号，则有

$$U_{R-Y}=U_R-U_Y=U_R-(0.30U_R+0.59U_G+0.11U_B)=0.70U_R-0.59U_G-0.11U_B$$

$$U_{B-Y}=U_B-U_Y=U_B-(0.30U_R+0.59U_G+0.11U_B)=-0.30U_R-0.59U_G+0.89U_B$$

$$U_{G-Y}=U_G-U_Y=U_G-(0.30U_R+0.59U_G+0.11U_B)=-0.30U_R+0.41U_G-0.11U_B$$

以上三个色差信号只有两个是独立的，U_{G-Y}可以由U_{R-Y}和U_{B-Y}来合成。因为亮度信号U_Y可写成：

$$U_Y=0.30U_Y+0.59U_Y+0.11U_Y=0.30U_R+0.59U_G+0.11U_B$$

整理后，可得

$0.59U_{G-Y}=-0.30U_{R-Y}-0.11U_{B-Y}$，即

$$U_{G-Y}=-\frac{0.30}{0.59}U_{R-Y}-\frac{0.11}{0.59}U_{B-Y}=-0.51U_{R-Y}-0.19U_{B-Y}$$

由于U_{G-Y}可以由U_{B-Y}和U_{R-Y}来合成，因此，传送彩色信号时，没有必要传送U_{G-Y}，而只需传送U_{R-Y}和U_{B-Y}即可。在接收机中，利用解调产生的U_{R-Y}和U_{B-Y}按上述比例混合，就可恢复出U_{G-Y}。

值得一提的是，彩色电视机必须同时传送亮度信号和色度信号，并且色度信号最终要与亮度信号进行叠加。当它们叠加之后，会使整个视频信号的动态范围过大（最高电平和最低电平分别超过白电平和黑电平），从而破坏收发同步，为了克服这种现象，必须对色差信号的幅值进行压缩。经过计算，U_{R-Y}的压缩系数为0.877，U_{B-Y}的压缩系数为0.493。压缩后的U_{R-Y}和U_{B-Y}分别用V和U表示，从而有

$$V=0.877U_{R-Y}$$
$$U=0.493U_{B-Y}$$

徒弟：什么是色度信号？
师傅：为了传送U、V信号，需将U、V信号分别调制在一个载波上（该载波称为副载波），再合二为一，就形成色度信号。调制方式可以是平衡调幅，也可以是调频，我国采用平衡调幅方式，如下图所示。

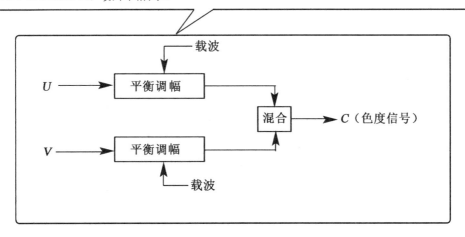

徒弟：什么是彩色全电视信号？
师傅：彩色全电视信号又称复合视频信号，它由亮度信号、色度信号、色同步信号、复合消隐信号及复合同步信号构成，常用FBYS或CVBS表示，其中，"F"或"C"代表色度信号，"B"代表色同步信号，"Y"或"V"代表亮度信号，"S"代表复合同步及复合消隐信号。

徒弟：怎么又冒出了色同步信号、复合同步信号及复合消隐信号？它们起什么作用？
师傅：这几个信号都是辅助信号，不代表图像内容，但对图像的正确显示起到至关重要的作用。其中色同步信号的作用是确保接收机能对色度信号进行正确解调；复合同步信号的作用是确保接收机的扫描时序与发射端同步；复合消隐信号的作用是消除接收机屏幕上的回扫线。下图是彩色全电视信号的频谱结构，白色部分代表亮度信号，阴影部分代表色度信号，色同步信号插在色度信号中传输，复合同步信号和复合消隐信号插在亮度信号中传输。

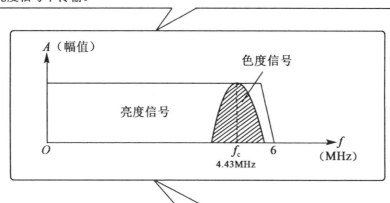

师傅：我国电视视频信号的带宽为6MHz，色度信号副载波为4.43MHz，色差信号的带宽只保留0～1.3MHz，故调制后，色度信号位于副载波f_c处±1.3MHz的位置。

2. 射频信号

师傅：为了将全电视信号和伴音信号传输出去，必须将它们调制到高频载波上。目前，选用超短波作为载波，彩色全电视信号采用调幅方式，伴音信号采用调频方式，调制后的信号就称为射频电视信号或高频电视信号。我国规定伴音载频比图像载频高6.5MHz，一套射频电视信号的总带宽为8MHz，其频谱结构如下图所示。

徒弟：明白了。

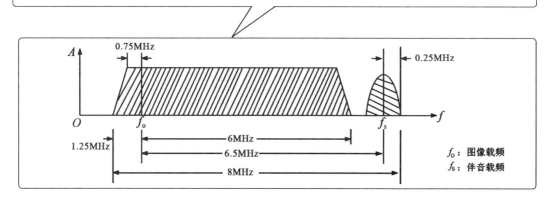

3. 电视频道的划分

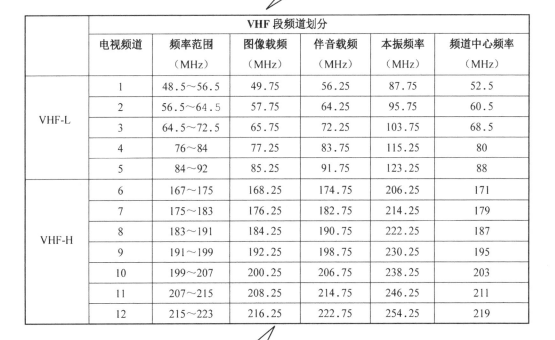

徒弟：师傅，在看电视时，经常提到"频道"二字，频道究竟是什么意思？

师傅：前面已经说了，视频信号和伴音信号必须调制在高频载波上，方可传送出去，目前，世界各国的地面电视和有线电视都使用甚高频（VHF）段和特高频（UHF）段来传送电视信号。为了合理使用甚高频和特高频，常将甚高频段划分为12个频道，即第1频道至第12频道；将特高频段划分为56个频道，即第13频道至第68频道。每个频道的频带宽度均为8MHz。由此可知，频道实际上就是高频电视信号频率段的划分，不同的频道所对应的频率段是不一样的，瞧，下表就是VHF段12个频道的划分情况。

	VHF 段频道划分				
电视频道		频率范围（MHz）	图像载频（MHz）	伴音载频（MHz）	本振频率（MHz）	频道中心频率（MHz）
VHF-L	1	48.5～56.5	49.75	56.25	87.75	52.5
	2	56.5～64.5	57.75	64.25	95.75	60.5
	3	64.5～72.5	65.75	72.25	103.75	68.5
	4	76～84	77.25	83.75	115.25	80
	5	84～92	85.25	91.75	123.25	88
VHF-H	6	167～175	168.25	174.75	206.25	171
	7	175～183	176.25	182.75	214.25	179
	8	183～191	184.25	190.75	222.25	187
	9	191～199	192.25	198.75	230.25	195
	10	199～207	200.25	206.75	238.25	203
	11	207～215	208.25	214.75	246.25	211
	12	215～223	216.25	222.75	254.25	219

师傅：第1～5频道的频率比较连续，常将此段称为VHF-L段（常用VL或BL等符号表示）；第6～12频道的频率也比较连续，常将此段称为VHF-H段（常用VH或BH等符号表示）。在第5频道和第6频道之间有相当大的一段频率间隔，这段频率常用于传送调频广播。在有线电视系统中，也可用这段频率来传送电视节目，使有线电视能获得7个增补频道。

徒弟：噢，原来是这样。

第6日 彩色电视制式

师傅，彩色电视制式指的是什么？

摄像管产生的信号是R、G、B三基色信号，为了将这三个信号传送出去，必须对它们进行"加工"处理，将它们编成一个信号，即彩色全电视信号，这个"加工"的过程叫编码。在接收机中，为了重现彩色图像，必须将彩色全电视信号"分解"成R、G、B三基色信号，这个"分解"过程称为解码。
彩色电视制式是指完成彩色电视信号编码与解码的具体方式。不同的国家和地区在进行彩色电视信号传送和接收时，可能采取不同的编码及解码方式，从而使彩色电视具有不同的制式。当今全球各国的彩色电视制式应用最多的有三种。

```
                    全球三大制式
          ┌────────────┼────────────┐
          ↓            ↓            ↓
   1. NTSC制（正交制）  2. PAL制（帕尔制）  3. SECAM制（塞康制）
   （美国、日本及加拿大等  （中国、英国等国使用） （俄罗斯、法国等国使用）
    国使用）
```

师傅：这三种制式都是同时传送亮度信号和色度信号，并将色度信号插入亮度信号的高频端进行传送的。为了将色度信号插入亮度信号的高频端，三种制式都以色差信号调制另一个彩色副载波的方式来实现，副载波频率在3.5～4.5MHz之间，并且经过严格选择。用色差信号去调制彩色副载波时，三种制式所采取的方法又各不相同。
徒弟：不同点在哪里？
师傅：下面我一一介绍。

一、NTSC制（正交制）

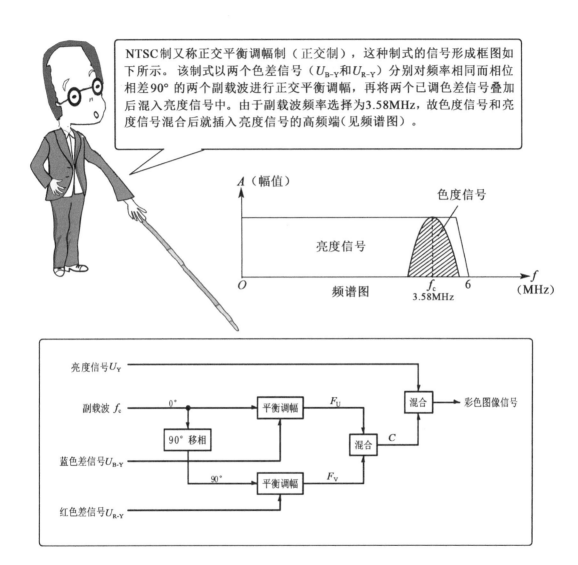

NTSC制又称正交平衡调幅制（正交制），这种制式的信号形成框图如下所示。该制式以两个色差信号（U_{B-Y}和U_{R-Y}）分别对频率相同而相位相差90°的两个副载波进行正交平衡调幅，再将两个已调色差信号叠加后混入亮度信号中。由于副载波频率选择为3.58MHz，故色度信号和亮度信号混合后就插入亮度信号的高频端（见频谱图）。

徒弟：平衡调幅是什么意思？
师傅：平衡调幅是一种特殊的调幅方式，平衡调幅后抑制了副载波分量。在接收机中为了解调出原来的两个色差信号，必须要求做到如下两点。
（1）在接收机中必须设置副载波再生电路，以恢复失去的副载波，并且再生副载波必须与被抑制的副载波完全同步（即同频、同相）。
（2）在接收机中必须设置两个同步检波器，以便从已调色度信号中分别解调出两个色差信号。
徒弟：这种制式为日本所采用，效果怎样？
师傅：它的电路相对简单，主要缺点是相位敏感性强，易产生彩色失真。

二、PAL制（帕尔制）

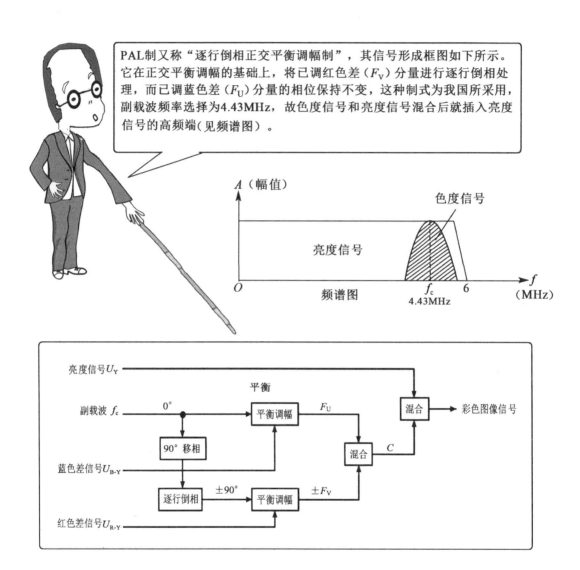

PAL制又称"逐行倒相正交平衡调幅制"，其信号形成框图如下所示。它在正交平衡调幅的基础上，将已调红色差（F_V）分量进行逐行倒相处理，而已调蓝色差（F_U）分量的相位保持不变，这种制式为我国所采用，副载波频率选择为4.43MHz，故色度信号和亮度信号混合后就插入亮度信号的高频端（见频谱图）。

徒弟：逐行倒相是什么意思？
师傅：逐行倒相正交平衡调幅方式是在正交平衡调幅方式的基础上，将色度信号中的一个分量F_V进行逐行倒相处理，如果第n行为+F_V，则第n+1行就为-F_V。实现对F_V分量逐行倒相的方法有两种：一种是将U_{R-Y}信号先调制在90°的副载波上，形成F_V信号，再对F_V信号进行逐行倒相；另一种是先将90°的副载波进行逐行倒相，形成±90°的副载波，再将U_{R-Y}信号平衡调幅在±90°的副载波上。目前，多采用后一种方法。
徒弟：明白了。PAL制与NTSC制相比，有何优缺点？
师傅：PAL制的优点是克服了NTSC制的相位敏感性，但发射设备和接收设备会变得复杂，设备成本比NTSC制的高。

三、SECAM制（塞康制）

SECAM制又称为"行轮换调频制"，SECAM制信号形成框图如下所示。它与前两种制式不同，两个色差信号不是同时传送，而是逐行轮换、交替传送的。另外，两个色差信号不是对副载波进行调幅，而是对两个频率不同的副载波分别进行调频的。将调频形式的两个已调色度信号逐行轮换插入亮度信号的高频端后，形成视频彩色图像信号。它的两个调频副载波分别为 $f_R=4.406MHz$ 和 $f_B=4.250MHz$。

该制式也克服了NTSC制的相位敏感性。该制式的主要缺点是接收设备复杂，图像质量比前两种制式差。

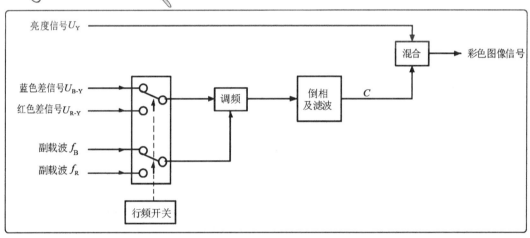

这是SECAM制视频信号频谱图。

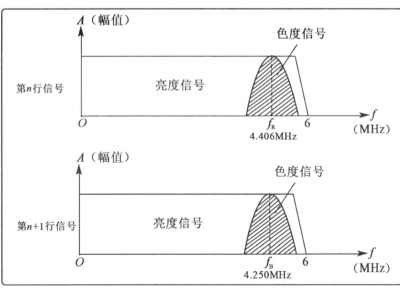

四、PAL制彩色电视信号的编码与解码

1. PAL制彩色电视信号的编码

师傅：前已述及，彩色电视信号的编码是指将三基色信号U_R、U_G及U_B编成彩色全电视信号的过程。下图是PAL制彩色电视信号的编码框图。从摄像机输出的三基色信号U_R、U_G及U_B经过矩阵电路形成亮度信号U_Y及两个色差信号U_{B-Y}和U_{R-Y}。亮度信号保留0～6MHz的带宽（以确保图像的清晰度），U_{B-Y}和U_{R-Y}经幅值压缩后，分别变成U、V信号，并且只保留0～1.3MHz的带宽（以确保大面积着色即可），U、V信号经平衡调幅后获得F_U和F_V。为了实现逐行倒相正交平衡调幅，送至V平衡调幅器的副载波相位为±90°（即第n行为+90°，第$n+1$为-90°）。

徒弟：为什么要对亮度信号进行延时？

师傅：因为亮度通道宽，路径短，故亮度信号先到达混合放大器，为了让亮度信号和色度信号同时到达混合放大器，必须对亮度信号进行延时（0.3～0.6μs）。

徒弟：U、V平衡调幅器上分别加有$-K$和$+K$，这是什么意思？

师傅：这是两个脉冲信号，是为了获得色同步信号而加入的。$-K$脉冲和$+K$脉冲对各自的副载波进行平衡调幅后，就形成了色同步信号，并分别混入F_U和F_V中。

在混合放大器中，对C信号和U_Y信号进行混合，由于副载波频率为4.43MHz，故C信号与U_Y混合后，C信号就插入到U_Y信号的高频端。

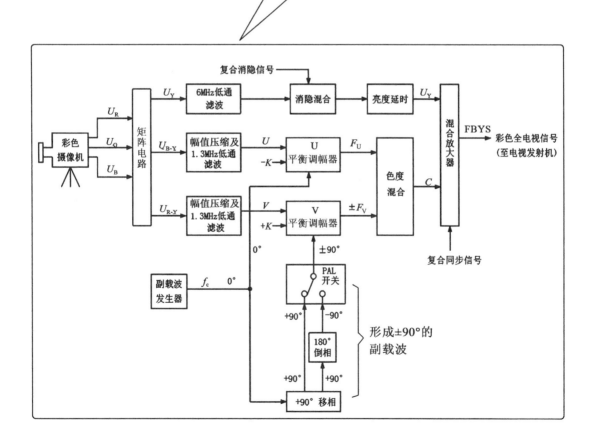

2. PAL制电视信号的解码

> 师傅：从PAL制解码电路的发展历程来看，共涌现出两代解码器，这两代解码器的结构形式及对色度信号的解调过程有所区别，下面分别对它们进行介绍。

（1）第一代解码器

师傅：第一代解码器结构框图如下所示，在20世纪90年代末期之前使用这种解码器。它由亮度通道、色度通道及基色矩阵三部分组成。亮度通道负责处理亮度信号，并将亮度信号送至基色矩阵电路。色度通道负责处理色度信号。彩色全电视信号经4.43MHz带通滤波后，分离出色度信号（含色同步信号）。色度信号经带通放大后，一方面送至副载波再生电路，另一方面送至延时解调电路。延时解调电路用来分离F_U信号和F_V信号，分离后的F_U信号和F_V信号分别送至U同步检波器和V同步检波器，并解调出U信号和V信号，再分别经放大后，使压缩的色差信号幅值得到恢复，形成U_{R-Y}和U_{B-Y}信号，然后送至基色矩阵电路。红色差信号和蓝色差信号还要各取出一部分，混合成一个绿色差信号U_{G-Y}，也送至基色矩阵电路。U同步检波器和V同步检波器所需的副载波信号，由副载波再生电路产生，副载波频率和相位受色同步信号锁定，从而确保再生出来的副载波能满足同步检波的要求。基色矩阵电路能将亮度信号（U_Y）和三个色差信号（U_{R-Y}、U_{G-Y}及U_{B-Y}）进行相加，输出红、绿、蓝三基色信号（U_R、U_G及U_B）。

徒弟：在亮度通道中，4.43MHz陷波器起什么作用？

师傅：由于色度信号插在亮度信号的高频端传送，其频率为4.43MHz，因此对4.43MHz进行陷波就是吸收色度信号，从而可以避免色度信号对亮度信号的干扰。

徒弟：解码器亮度通道中也有亮度延时电路，这个电路的作用是否同编码器中的亮度延时电路？

师傅：是的。

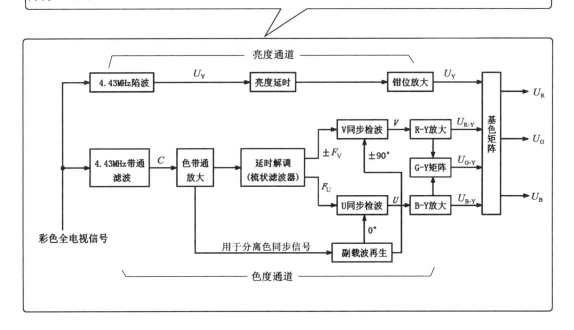

师傅：值得注意的是，副载波频率和相位受色同步信号锁定，在副载波再生电路中，专门设有一个色同步选通电路，它能从色度信号中分离出色同步信号，以便用色同步信号来控制副载波的频率和相位，确保解调的正确性。

（2）第二代解码器

师傅：第二代解码器结构框图如下所示，21世纪后均使用这种解码器，它直接对色度信号进行 U、V 同步检波，输出 U 信号和 V 信号。由于检波前未进行 F_U 和 F_V 分离，故产生的 U 信号中含有 V 失真分量，V 信号中也含有 U 失真分量，通过基带延时处理后，失真分量便抵消掉了。第二代解码器的亮度通道中还设有黑电平延伸电路，能有效改善图像质量。

徒弟：第二代解码器是否比第一代解码器好？

师傅：当然。更重要的是，第一代解码器色度通道中需用到延时解调电路，其核心部件为超声延时线，体积大且对信号的衰减也大。而第二代解码器中无需使用该部件，虽然使用了基带延时器，但基带延时器常由集成块构成，体积小，衰减小。

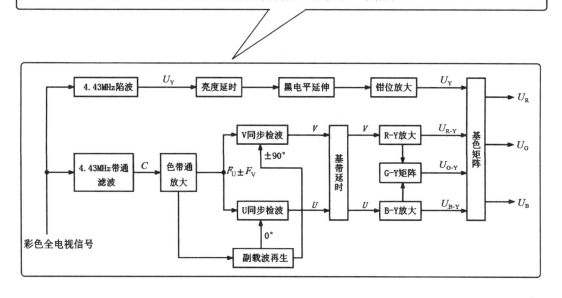

第7日 液晶显示屏（上）

师傅：液晶显示屏简称液晶屏，是用来显示图像的部件，也是液晶电视机的心脏。液晶显示屏是利用液晶分子的光学特性而制造出来的，在学习液晶显示屏之前，我们有必要先了解一下液晶分子的特点及液晶显示技术的特点。

一、液晶分子及液晶显示技术的特点

师傅：物质通常呈现固态、液态和气态，但是许多有机化合物可以呈现介于晶体和液体之间的状态。在这种状态下的物质，一方面像液体，具有流动性，另一方面又像晶体，分子在特定方向的排列比较整齐，具有各向异性。人们把物质的这种状态称为液晶态，把处于液晶态的物质称为液晶。固态、液晶态及液态的分子排列示意图如下所示。

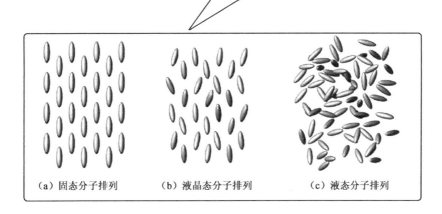

（a）固态分子排列　　（b）液晶态分子排列　　（c）液态分子排列

液晶态分子的排列是不稳定的，外界条件的微小变化会引起液晶态分子排列的变化，例如，有些液晶对电场作用特别敏感，在外加电压的影响下，其光学性质会立即发生变化，利用这一特点就可制作出液晶显示屏。
1

师傅，如此说来，液晶显示技术是利用电场控制液晶的光学性质来实现的了？
2

是的，液晶显示技术实际上是用视频信号形成电场，从而控制液晶分子的排列情况，进而改变其透光性，使其透光的强弱随视频信号的变化而变化，这样就再现了图像。
3

原来如此。
4

师傅，液晶显示技术有哪些优点？

液晶显示技术的优点非常明显，概括起来有如下几点。
（1）低电压、微功耗。液晶显示屏属于电场控制型，其工作电流只有几微安，工作电压可低至2～3 V，功率消耗微小，这是任何一种其他显示器无法达到的。
（2）平板结构。液晶显示屏实质上是由两片导电玻璃基板之间注入液晶后而形成的，是典型的方形平板结构，质量轻，厚度薄。
（3）易于彩色化。液晶本身是无色的，但采用彩色滤光膜很容易实现彩色化，目前，液晶显示屏能重现的彩色范围可与CRT（显像管）相媲美。
（4）屏幕尺寸与信息容量无理论上的限制。液晶显示屏的尺寸可根据其应用场合自由设定，小到1in，大到60in以上都可以；既可以显示精美的小图像，也可以显示高分辨率大尺寸的动态图像。
（5）寿命长。液晶显示屏都是电场控制型，工作电压低，电流很小，所以只要液晶的配套部件不损坏，液晶本身的工作寿命可达到几万小时。
（6）无辐射、无污染。CRT屏幕易产生X射线辐射，对人体有损害；等离子屏工作于10^5Hz高频大电流下，对周围有电磁辐射。只有液晶显示屏不会出现上述问题，所以长时间工作于液晶显示屏前，人体健康也不会受到伤害。

徒弟：液晶显示技术的优点是够多的，不知道有没有缺点？
师傅：液晶显示技术虽然具有上述优点，但也存在如下一些先天性的缺点。
（1）显示的视角小。由于液晶分子光学特性的各向异性，即对不同方向的入射光，其反射率或折射率是不一样的，所以视角较小，只有30°～40°。随着视角变大，对比度迅速变差，甚至会发生对比度反转现象。近年来，随着一系列新工艺和新技术的使用，液晶显示屏的视角已扩大到120°～160°，个别产品的视角还要高于这个值。
（2）响应速度慢。在外电场作用下，液晶分子的响应速度一般为100～200ms，所以液晶屏一般不适于显示快速度的画面。但由于计算机画面大多是静止的，所以液晶屏非常适合做计算机显示器。为了适应液晶电视的需要，现已开发出一些新工艺和新材料来提高响应速度，如今液晶屏响应速度慢的问题已有很大改善，能够适应电视画面显示的要求。
（3）需加背光源。液晶本身不发光，若无外光源，液晶是无法完成显示的，所以用于计算机显示器和电视机的液晶显示屏通常需加背光源。由于背光源的存在，会令功耗大大增加，再加上背光灯的寿命远不如液晶长，从而使液晶显示屏的寿命下降。
液晶显示技术的缺点是由其工作原理和液晶材料本身的特性所决定的，不可能完全杜绝，只能不断改善。

二、液晶显示屏的结构

师傅,我对液晶显示屏既熟悉又陌生,之所以说熟悉,是因为我天天都能见到它,之所以说陌生,是因为我根本就不知道它的结构。今天您能详细地介绍一下吗?

好的。液晶显示屏又称LCD屏,常制作成板状结构。液晶显示屏种类很多,从其发展过程来看,先后出现了TN型、STN型及TFT型,每种液晶显示屏还有一些派生产品。目前,液晶显示屏和液晶电视机所用的均为TFT型,它的基本结构如下图所示,由里向外依次包含背光源、后偏振片(又称偏光片或偏光板)、TFT基板、液晶基板、滤色器基板、前偏振片等部件。后偏振片紧贴在TFT基板的背面,前偏振片紧贴在滤色器基板的上面。TFT基板与滤色器基板封成一个腔体结构,其内部充注液晶,所以这个腔体又有液晶盒之称。

真复杂。

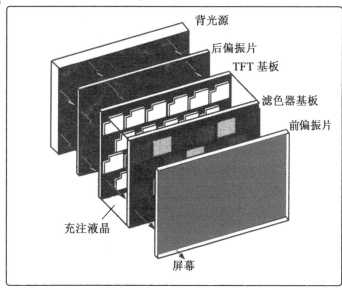

确实有点复杂。

徒弟:液晶显示屏的幅型比有哪几种?
师傅:有4:3,16:9及16:10三种。其中16:9应用最为广泛,目前,液晶电视机都使用16:9的幅型比,主流尺寸有32in、37in、40in、42in、46in、47in及52in等;19in以上的液晶显示屏也大多采用16:9的幅型比。

师傅：若将TFT基板和滤色器基板再继续解剖，则液晶显示屏的结构如下图所示。由图可知，TFT基板是由下层玻璃基板和透明导电膜（像素电极）构成的，透明导电膜是用光刻技术制作在下层基板上的。滤色器基板是由透明导电膜（对向电极）、彩色滤光器及上层玻璃基板构成的。事实上，两块玻璃基板之间的距离很小，常为6～7μm。

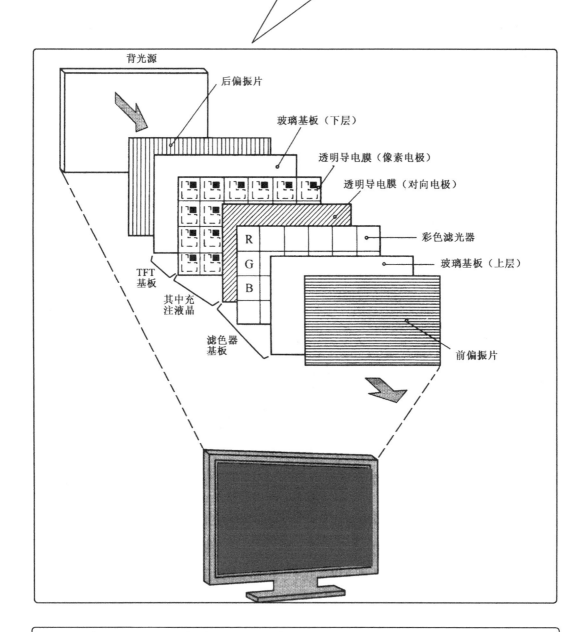

徒弟：师傅，对液晶显示屏的结构我们已经有所了解，但各组成部件究竟起何作用我们还是不知道。
师傅：不用急，接下来我们就来学习液晶显示屏各部件的作用。

三、背光源

徒弟：师傅，液晶显示屏中为何要设置背光源？
师傅：液晶自身不发光，为了获得稳定、清晰的图像显示，液晶屏中都装有背光源。背光源由背光灯及一些辅助部件构成。背光灯起发光的作用；辅助部件起处理光的作用，它将背光灯所发出的光处理成一个均匀的、单方向的面光源，并射向后偏振片。

这就是背光源示意图。

徒弟：师傅，背光灯采用的是灯泡还是灯管？
师傅：背光灯可以是管状的，即灯管，也可以是点状的，即灯泡。

师傅：这是管状背光灯，灯管一般为"棒"形或"U"形。灯管的数量取决于屏幕的大小，屏幕越大，灯管的数量也就越多。

师傅：这是点状背光灯，应用时，一般将多个灯泡串联起来，形成"灯条"，每一个"灯条"相当于一个灯管，灯泡的数量取决于屏幕的大小，屏幕越大，灯泡的数量也就越多。

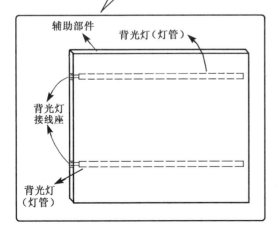

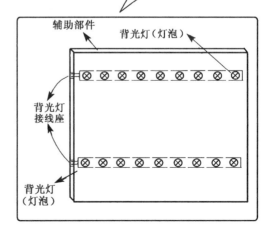

徒弟：背光灯有哪些类型？
师傅：目前，高亮度液晶显示屏都采用冷阴极荧光灯（CCFL）和发光二极管灯（LED）。CCFL常为管状结构，LED常为点状结构。
徒弟：师傅，CCFL的发光原理是怎样的，它有何特点？
师傅：CCFL（Cold Cathode Fluorescent Lamp）的发光原理类似于日光灯，是一种依靠冷阴极气体放电产生紫外线，由紫外线激发荧光粉而发光的光源。它具有效率高、色温高、亮度高等特点，是一种可以准确地再现三基色的理想光源，CCFL采用几十千赫兹的高电压（700V以上）驱动，所以必须配备效率高的逆变电路。
徒弟：师傅，LED的发光原理是怎样的，它有何特点？
师傅：在某些半导体材料的PN结中，如加上正向电压，N区的电子就会被推到P区，与P区的空穴复合，并以光的形式释放能量，产生可见光；如PN结加反向电压，则空穴与电子不能复合，故不发光。利用这一原理制成的二极管叫发光二极管(Light Emitting Diode，LED)。LED的工作电压低、效率高、寿命长（10万小时），亮度又能用电压或电流进行调节。实践证明，相同亮度的LED光源比白炽灯节电87%，比荧光灯节电50%，而寿命比白炽灯长20～30倍，比荧光灯长10倍。因为LED光源具有节能、环保、寿命长、安全、响应快、体积小、色彩丰富、可控等优点，所以被认为是目前最好的光源，大有取代CCFL之势。

徒弟：背光源的辅助部件有哪些？结构是怎样的？
师傅：背光源的辅助部件包含反射板、导光板、扩散板、棱镜板等，其结构如下图所示。背光源的辅助部件实际上就是一个光学系统，它将背光灯所发出的光处理成一个均匀的、单方向的面光源。导光板的作用是将背光灯发出的光均匀地导成面光源。反射板的作用是将导光板底部露出的光反射回导光板，防止光源外露，提高效率。扩散板又叫散射板，其作用是为液晶屏提供一个均匀的面光源。光从扩散板射出后，其方向性较差，因此利用棱镜板来修正光的方向。
徒弟：原来如此。

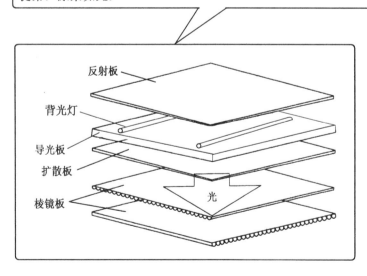

师傅：背光源决定了显示屏的亮度，故液晶显示屏对背光源的亮度要求很高，背光源的功耗往往占整机总功耗的一半以上，一个高效的背光源可以大大减少液晶显示屏的功耗。

四、偏振片（偏光片）

徒弟：师傅，液晶显示屏中有两块偏振片（后偏振片和前偏振片），它们究竟起何作用？

师傅：偏振片的特性是只允许某个振动方向的光波通过，这个方向称为透光轴，而将其他方向上的光波阻止。由光学原理可知，当自然光通过两个偏振片时（参考下图），其出射光的强度A与入射光的强度A_0及两偏振片透光轴的夹角α有密切的关系，即$A=\frac{1}{2}A_0\cos^2\alpha$。显然，在入射光强度$A_0$一定的情况下，夹角越小，出射光就越强。当夹角为0°（两偏振片透光轴平行）时，出射光最强；当夹角为90°（两偏振片透光轴垂直）时，出射光为0（无出射光）。因此，控制两偏振片透光轴之间的夹角就能控制出射光的强弱。

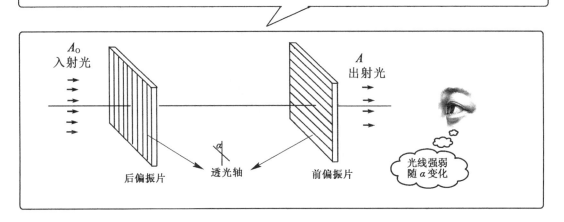

师傅：在液晶显示屏中，后偏振片的作用是将背光源射出的光转化成偏振光，前偏振片的作用是检验入射光是否为偏振光。在液晶显示屏中，两偏振片的透光轴是相互垂直的，如果没有液晶存在，则不管入射光有多强，出射光均为0。但由于两偏振片之间有液晶盒存在，并且在不同强弱的外电场作用下，液晶分子会发生不同角度的旋转，从而使得偏振光在通过液晶盒时也发生相同角度的旋转（相当于透光轴发生了旋转），这样前偏振片就会有出射光射出。只要控制液晶上的电场强度，就能控制液晶分子的旋转角度，若液晶上的电场强弱按图像信号规律变化，则出射光的强弱也会按图像信号规律变化，这样在液晶屏上就显示出了图像，这就是液晶显示屏的基本光学显示原理。

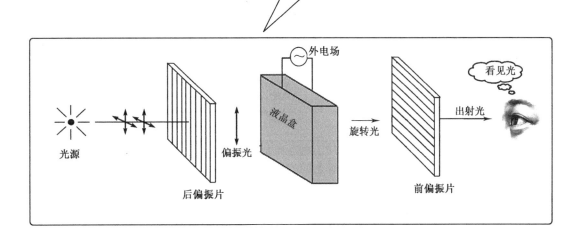

第8日 液晶显示屏（下）
一、TFT基板及滤色器基板

徒弟：师傅，背光源和偏振片的作用我们已经掌握，现在您给我们介绍一下TFT基板吧。
师傅：TFT基板是由下层玻璃基板和透明导电膜构成的。透明导电膜上制作有X电极（又称行电极或扫描电极）和Y电极（又称列电极、信号电极或数据电极），在X电极和Y电极的交叉处制作有薄膜场效应管（简称TFT，起开关作用）和像素电极，如下图所示。TFT基板是液晶显示屏的关键部件，其上X电极和Y电极的数量将决定显示屏的分辨率。

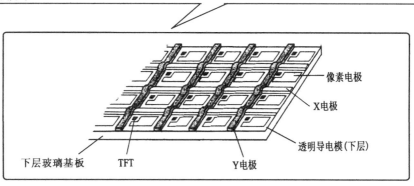

师傅：滤色器基板是由上层玻璃基板、彩色滤光膜和上层透明导电膜构成的。上层透明导电膜是一个公共电极，又称对向电极，应用时，该电极接地。滤色器基板与TFT基板正对排列，两板之间充注液晶，液晶分子的光学特性由两板之间的电场控制。

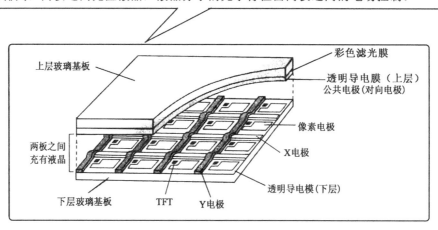

徒弟：液晶分子究竟是如何受两板之间的电场控制的呢？
师傅：要弄清这个问题，必须先从两板之间的等效电路谈起。
徒弟：好的，我们一定认真听。

师傅：每一个像素电极都可看作电容器的一个极板，而对向电极可看作电容器的另一个极板，这样每个像素电极都与对向电极构成一个平板电容器，如下图所示。这个平板电容器以液晶为介质，故又称为液晶电容。

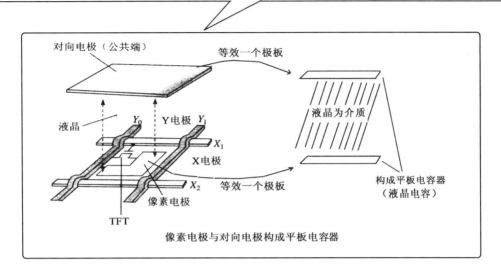

像素电极与对向电极构成平板电容器

师傅：像素电极与对向电极所构成的TFT与平板电容器的连接关系如下图（a）所示，等效电路如下图（b）所示，图中的栅极引线实际上就是X电极，源极引线实际上就是Y电极，也就是说，TFT的栅极接X电极，源极接Y电极，漏极接液晶电容。控制液晶电容上的电压，就能控制相应区域液晶分子的光学特性，进而达到显示图像的目的。

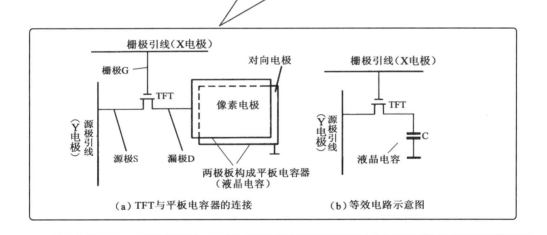

（a）TFT与平板电容器的连接　　（b）等效电路示意图

师傅：每个液晶电容所控制的区域便是一个显示点，即一个像素，所以对于相同尺寸的液晶显示屏来说，其上显示点越多（像素越多），所对应的液晶电容也就越多，TFT的数量也越多，所需的X电极和Y电极也越多，显示屏的制作工艺及成本也就越高。

徒弟：如此说来，岂不是液晶显示屏上有许许多多的液晶电容、X电极和Y电极？

师傅：是的，如一个单色液晶显示屏的分辨率为800×600，即一行有800个像素，一屏有600行，则X电极多达600条，Y电极多达800条，液晶电容多达800×600=480000个。

师傅，控制液晶电容上的电压，虽能控制相应区域液晶的光学特性，达到显示图像的目的，但所显示的图像应该是黑白图像，不会有彩色的感觉，可现在的液晶显示屏大多显示彩色图像，这是怎么一回事呢？

这个问题问得好！液晶显示屏之所以能显示彩色图像，是因为显示屏中有彩色滤光膜（又称滤色膜或彩膜）的缘故。彩色滤光膜制作在上层玻璃基板上，由红（R）、绿（G）、蓝（B）三基色单元构成，它与TFT控制的像素电极上下对应。彩色滤光膜上三基色单元的平面排列如下图所示，由图可知，R、G、B三基色单元以点阵分布且有三种排列方式，即条形排列、镶嵌排列及三角形排列。

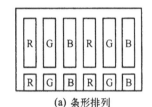
(a) 条形排列

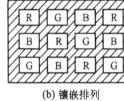
(b) 镶嵌排列

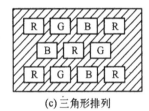
(c) 三角形排列

徒弟：师傅，在这三种排列方式中，哪种最好？
师傅：在条形排列方式中，三基色单元为竖条，横向按R、G、B顺序周期性重复。这种结构简单，但易显纵向条纹，图像显得粗糙。

在镶嵌排列中，三基色单元横向仍按R、G、B顺序周期性重复，但在纵向逐行移位。这种结构可消除条形排列中的纵向条纹，颜色相对自然些，但当像素间距较大时，会有斜纹感，图像也显得粗糙。

在三角形排列中，三基色单元横向也按R、G、B顺序周期性重复，但行之间相互错开半个基色单元位置。这种排列结构复杂，但显示颜色逼真，分辨率也高，所以彩色图像质量高。

徒弟：目前，液晶显示屏采用哪种排列方式？
师傅：用于视频图像显示的液晶显示屏多采用三角形排列，用于通信图形显示的液晶显示屏多采用条形排列。

师傅：现在我来总结一下彩色滤光膜的作用。彩色滤光膜对白光有过滤作用，可以将白光转换为彩色光，当光从R处射出时，为红色，从G处射出时，为绿色，从B处射出时，为蓝色，通过空间混色效应，使人眼产生彩色的感觉。
徒弟：原来如此，现在终于明白了。

二、液晶显示屏的驱动原理

师傅：掌握了液晶显示屏各部件的作用后,我们再来学习一下液晶显示屏的驱动原理。目前,彩色显示器和彩色电视机所用的液晶显示屏大多采用TFT驱动技术,屏上的每一个显示点都由对应的TFT来驱动。下图是液晶显示屏的驱动模型,图中每一个TFT与像素电极代表一个显示点,而一个像素需要3个这样的点(分别代表R、G、B三基色)。假如液晶显示屏的分辨率为1024×768,则需要1024×768×3个这样的点组合而成。此时共需768条X电极,相当于将屏幕切割成768行,每条X电极就是一行扫描线,它控制相应行的TFT,所以X电极又有扫描电极、控制电极、行电极等名称。而Y电极共需1024×3=3072条,相当于将屏幕先切割成1024列,再将每列切割成3个子列。每一条Y电极上都加有相应的图像数据信号,所以Y电极又有信号电极、数据电极、列电极等名称。当各条X电极依次加高电平脉冲时,连接在该X电极上的TFT全部被选通,因图像数据信号同步加在Y电极上,则已经导通的TFT会将信号电压加到像素电极上(即加到液晶电容上),该电压决定像素的显示灰度。各X电极每帧被依次选通一次,而Y电极每行都要被选通。若显示屏的刷新频率(相当于场频)为60Hz,则每一个画面的显示时间为1/60≈16.67ms。因画面由768行组成,所以每一条X电极的开通时间(行周期)为16.67ms/768≈21.7μs,即图中控制X电极的开关脉冲宽度为21.7μs,这种开关脉冲依次选通每一行的TFT,从而使Y电极上的图像数据信号经TFT加至各自的像素电极(液晶电容)上,控制液晶的光学特性,从而完成图像的显示。

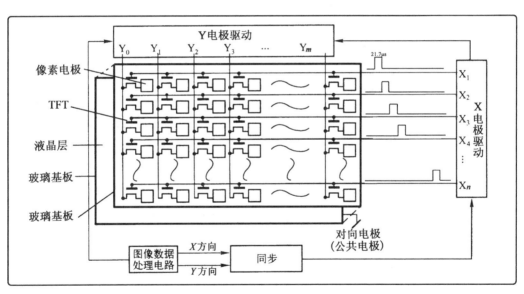

师傅：若从上图中抽出一个TFT,则得到右图所示的单个像素驱动模型。很显然,当栅极扫描信号为高电平时,TFT导通,此时,源极信号(数据信号)经TFT加到像素电极(液晶电容C)上,从而控制这个区域液晶的光学特性,完成一个像素的显示。其他像素的显示与此相同。

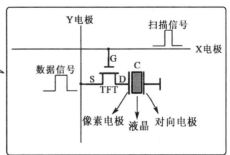

师傅：接下来介绍一下液晶显示屏驱动电路。驱动电路往往由大量寄存器、锁存器、D/A变换器、缓冲器等构成。下图是一个1024×768分辨率的液晶显示屏驱动电路结构示意图，由图可知，X驱动器（又有扫描驱动器、控制线驱动器、行驱动器、水平驱动器、栅极驱动器等名称）由768位移位寄存器和768位缓冲驱动器构成，它共有768条驱动线，分别连显示屏的768条X电极。这768条驱动线依次输出高电平脉冲，依次从上至下对X电极进行扫描，对每条X电极扫描的时间就是一个行周期，从上至下完成一次扫描所需的时间便是一个场周期。若刷新频率（场频）为60Hz，则场周期为16.67ms，行周期为21.7μs。Y驱动器（又有数据驱动器、列驱动器、垂直驱动器等名称）由移位寄存器、锁存器及D/A变换器等构成，它共有1024×3=3072条驱动线（每个像素有R、G、B三个子像素），分别连显示屏的3072条Y电极。因每种基色像素灰度的分辨率一般为8bit，故共需3×8=24条RGB数据线来同时传输R、G、B三基色数据信号。在时钟脉冲CLK驱动下，每时钟周期传送1个像素的灰度数据（24bit）进入移位寄存器。在一个行周期里，1行像素数据全部传送完毕并进入锁存器，移位寄存器又开始下一行周期的数据传送。与此同时，锁存器中的数据经D/A转换变成模拟电压（严格来说是脉冲电压）加在各Y电极上，从而完成显示。目前，无论是X驱动器还是Y驱动器，均由数块大规模集成块担任，并且与显示屏一体化，构成一个完整的液晶屏组件。

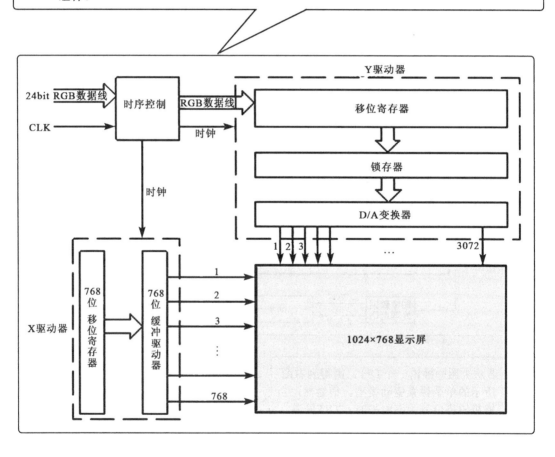

三、液晶显示屏的主要性能参数

师傅：液晶显示屏具有如下几方面的性能参数，了解这些性能参数对选购液晶显示产品极有帮助。

（1）屏幕尺寸。屏幕尺寸是指显示屏的对角线长度，常以英寸为单位（1英寸=2.54cm），目前市面上的液晶显示器屏幕尺寸一般在12～24英寸之间，液晶电视机的屏幕尺寸一般在30～60英寸之间。

（2）画面比例。画面比例是指显示图像的长宽之比。大部分主流显示屏以16:9画面比例为主，但仍有少量型号为4:3的传统比例。由于所有的HDTV（高清数字电视）和SDTV（标清数字电视）信号将以16:9的画面比例传送，因此16:9的比例是发展趋势。

（3）分辨率。分辨率与显示屏行、列可显示的像素个数密切相关。对于相同尺寸的显示屏来说，分辨率越高，屏幕的像素就越多，每个像素就越小，显示的图像也就越细腻。下表给出了几种常见信号格式的分辨率等级情况。大多数液晶显示器和液晶电视机除了能接收它的固有分辨率信号外，还能接收其他不同分辨率的信号，也就是说能将输入的各种分辨率信号变换成自己固有分辨率的信号。

（4）对比度。对比度是指显示图像最大亮度和最小亮度之比。除了分辨率以外，影响画面成像质量最重要的是对比度，它甚至比分辨率还重要。只有对比度高才能使黑色重现，如果画面不能正确地重现黑色，那影像便会变成灰蒙蒙的一片，失去原来的立体感和暗部层次，逼真度大为下降。画质的好坏很大程度上取决于对比度，对比度高的产品在大多数情况下画质会较好。

（5）亮度和灰度。亮度是表示发光物体发光强弱的物理量，亮度的单位是坎德拉每平方米（cd/m^2）。亮度是衡量显示屏发光强度的重要指标，对画面亮度的要求与环境光强度有关。目前，各种尺寸的液晶显示屏，其亮度在500～1000cd/m^2范围内，这个数据足以满足室内或室外观看的要求（室内观看时，只需亮度大于100cd/m^2就够了，公共场所较强的环境光下观看时，只需亮度达到300～500cd/m^2就够了）。灰度是指图像从亮到暗之间的明暗层次。灰度等级其实就是亮度等级，灰度等级越多，图像层次越分明，图像越柔和。目前，视频信号采用8bit量化，可显示256个灰度等级。

（6）颜色数量。对于红、绿、蓝分别具有256级灰度等级的显示屏来说，对应的颜色数为$256×256×256=1.67×10^7$种颜色。现在几乎所有生产商都宣称自己的产品能显示1670万种颜色，这个数量可谓不少，但实际上许多显示屏在显像时仍会感到色彩不够自然。因此在选购LCD产品时，一定要对不同品牌型号的产品进行比较，选择颜色过渡变化最自然的产品。

信号标准	分辨率（行像素×列像素）	备　注
VGA	640×480	分辨率最低，价格最低，4:3画面
SVGA	800×600	VGA的升级形式，较常见，4:3画面
WVGA	852×480	与SVGA同级别，16:9画面
XGA	1024×768	画面清晰，4:3画面
WXGA	1366×768	与XGA同级别，16:9画面，是标清液晶屏的主流产品
UXGA	1600×1200	画面细节质量非常高，4:3画面
WUXGA	1920×1080	画面细节质量非常高，16:9画面，是高清液晶屏的主流产品
	1920×1200	画面细节质量非常高，16:10画面，是高清液晶屏的辅助产品

四、液晶屏组件

师傅：目前，所有的液晶屏都是以组件的形式出现的，其除了含有显示屏以外，还含有大量的附属电路。

徒弟：为什么不把这些附属电路安装在主板上，这样不是更有利于缩小液晶屏的体积吗？

师傅：不能将附属电路安装在主板上的原因很简单，由于液晶屏上有大量的电极，例如，一个1920×1080分辨率的液晶屏就有1080条X电极和1920×3条Y电极，如果将液晶屏的附属电路全部安装在主板上，则主板与液晶屏之间就有数千条连线，这不但给装配带来困难，还会降低整机的可靠性。若将附属电路植入液晶屏内部，构成液晶屏组件，则二者之间的连接就变得大为简单。连线一般只有30～50根，一个接插件就可完成连接。

徒弟：原来是这样。

师傅：这是液晶屏组件的结构框图。液晶屏的附属电路一般包含逻辑板、扫描驱动器（X驱动）、数据驱动器（Y驱动）等电路。逻辑板是一块独立的小电路板，它一般不植入屏的内部，而是绑定在屏的外部且与屏一体化；扫描驱动器、数据驱动器、背光灯单元均封装在屏的内部。目前，大多数逻辑板支持LVDS数据格式，有的还兼顾TMDS数据格式。

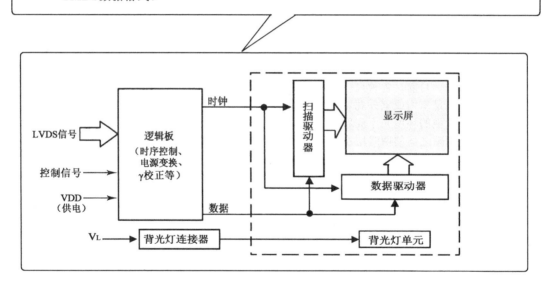

师傅：逻辑板是液晶屏组件的一个重要组成部分，所有液晶屏都会绑定逻辑板，不同型号的液晶屏，其配套的逻辑板是不一样的。逻辑板主要由时序控制电路、电源变换电路及γ校正等电路组成。

徒弟：逻辑板有何作用？

师傅：逻辑板的作用非常大，它能完成信号格式的转换，将LVDS格式的信号转换为液晶屏所需的格式（如RSDS格式、TTL格式等），同时还能将主板提供的+5V或+12V电压变换成液晶屏所需的电压，以及能校正液晶屏的灰度失真，使画面逼真。

徒弟：明白了。

五、液晶显示屏的故障

徒弟：师傅，液晶显示屏的故障率高吗？
师傅：不高，但也时有发生。
徒弟：一般是哪方面的故障？
师傅：液晶显示屏的故障通常有三类。
　　一是**液晶显示屏破损**，这类故障通常是因为显示屏受到其他物件的撞击或受到剧烈的振动而造成的。出现这类故障时，必须更换新屏。

这个屏幕左上角已破损，应更换液晶屏。

破损区域

师傅：二是**液晶显示屏内部电路损坏**。显示屏组件内部装有驱动电路，下层透明导电膜上制作有各种电极和TFT。当驱动电路损坏时，显示屏虽能发光，但不能显示图像；当透明导电膜上的电极或TFT损坏时，就会出现有的区域不能显示图像的现象。无论是驱动电路损坏还是电极和TFT损坏，都是很难修复的，一般需要更换新屏。

这个屏幕上出现了无显示区域，说明屏幕内部电路局部损坏。

无显示区域

师傅：三是背光灯损坏。液晶显示屏内通常装有多个背光灯，背光灯的多少与显示屏的大小有关，一般而言，屏幕的尺寸越大，背光灯的数量也就越多。当某个或某组背光灯损坏时，就会发生屏幕变暗和发光不均匀的现象。当背光灯损坏时，只须更换背光灯就可修复。

徒弟：怎样更换背光灯？

师傅：只须将损坏的背光灯取出，装上新背光灯即可。

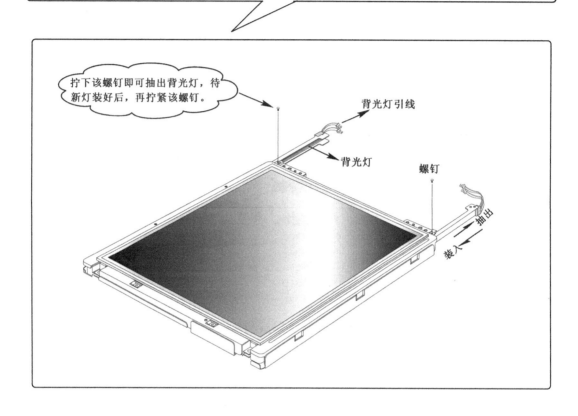

第9日 液晶电视机的结构
一、初识液晶电视机

师傅，请您拆开一个液晶电视机，手把手地教我们认识一下液晶电视机的内部结构好吗？

好的。这个液晶电视机已拆开，可以清晰地看到液晶电视机属平板结构，其各个组成部分呈层状分布，各层之间依靠螺钉或栓卡进行连接固定。从后往前依次是支架、后壳（后盖）、屏蔽罩、电路板（电源/背光板和主板）、液晶屏组件、前壳。

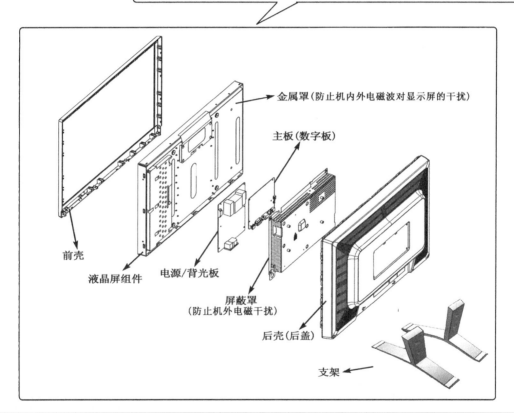

徒弟：师傅，液晶电视机与以往CRT电视机最大的区别在哪里？
师傅：最大的区别有两点。一是成像原理不同。CRT电视机通过控制电子扫描来成像；而液晶电视机通过控制液晶分子的透光轴来成像。二是CRT电视机属模拟设备，内部电路属模拟电路，所处理的信号也为模拟信号；而液晶电视机属数字设备，内部电路为数字电路，所处理的信号为数字信号。由于数字信号的处理过程完全不同于模拟信号，所以决定了液晶电视机的电路结构也完全不同于CRT电视机。

二、信号传输方式

师傅,今天不是谈液晶电视机的结构吗?怎么又谈起信号传输方式来了? 1

为了便于你们理解液晶电视机的电路结构,先谈谈液晶电视机的信号传输方式。 2

原来是这样!液晶电视机的信号传输方式有哪几种?每种方式的具体情况又是怎样的? 3

液晶电视机中常用的信号传输方式有三种,即VGA方式、TMDS方式、LVDS方式。下面分别对这三种方式进行介绍。 4

1. VGA方式

师傅:VGA方式是主机显卡与显示器之间常用的一种信号传输方式,因液晶电视机兼容液晶显示器的功能,可以充当液晶显示器,故许多液晶电视机也支持这种方式。VGA方式传输的是模拟RGB三基色信号和行、场同步信号。采用VGA方式传输信号时,主机内部的数字图像信号要由显卡中的D/A变换器转换为模拟RGB三基色信号和行、场同步信号,信号通过电缆传送到液晶电视机中。在液晶电视机内部,配有相应的A/D转换器,将模拟信号转换为数字信号,再送到相应的处理电路,最终控制液晶屏生成图像。下图为VGA方式传输模型。

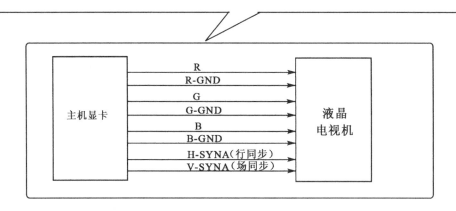

徒弟:师傅,VGA方式用在液晶电视机中好像不太好,因为采用这种方式时,在主机显卡中要进行D/A转换,在液晶电视机中又要进行A/D转换,这不是多此一举吗?

师傅:是的,不但多此一举,而且信号在经过D/A和A/D两次转换后,不可避免地造成了一些图像细节的损失。因为设计制造上的原因,CRT显示器只能接收模拟信号输入,故只能采用VGA方式。液晶显示器与液晶电视机则不同,由于它们是数字设备,故除了采用VGA方式外,还可以采用其他更好的方式。

2. TMDS方式

师傅：接下来给你们介绍一下TMDS方式。TMDS方式是主机显卡与液晶电视机之间常用的一种数字信号传输方式，CRT显示器一般不支持这种方式。

徒弟：师傅且慢，请您先告诉我们TMDS是什么意思？

师傅：TMDS是Transition Minimized Differential Signaling的缩写，即最小化差分信号传输。采用TMDS方式传输信号时，主机显卡必须先按TMDS协议的要求对数字图像信号进行编码，以获得TMDS信号（一种串行数字信号），再通过传输线送入液晶电视机，由液晶电视机内的解码器进行解码后还原出数字图像信号。TMDS方式提供了两个数据通道和一个时钟通道，RGB三基色数据可以使用一个数据通道进行传输，也可使用两个数据通道来传输。当使用一个数据通道传输时，其传输速度为25～165Mb/s，最高可支持的分辨率为1600×1200/60Hz，如需要更高的分辨率，就得启用双通道传输数据。

徒弟：TMDS方式传输模型是怎样的？

师傅：TMDS方式传输模型如下图所示，由图可知，TMDS传输系统含A、B两个数据通道，每个数据通道传输三组差分数据对信号，两个数据通道共享一个时钟。当只使用通道A或通道B时，称为单路TMDS连接；当同时使用通道A和通道B时，称为双路TMDS连接。在标清状态下只使用通道A（采用单路TMDS连接），此时主机显卡中的TMDS发送器（编码器）将并行图像数据（24bit）和各种控制信号编成三组差分数据对信号（RX0+/-、RX1+/-、RX2+/-）和一组差分时钟对信号（RXC+/-），并传输给液晶电视机。液晶电视机中的TMDS解码器将三组差分数据对信号和一组差分时钟对信号进行解码，重新还原出并行图像数据和控制信号。如果采用双路TMDS连接，则TMDS编码器输出六组差分数据对信号和一组差分时钟对信号。

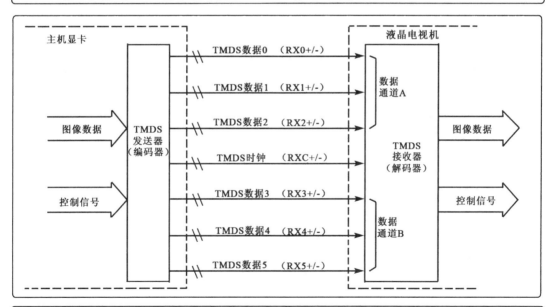

徒弟：TMDS方式有何优点和缺点？

师傅：其优点是直接传输数字图像信号，数字图像信号不需要经过任何转换，所以传输速度快，并且图像清晰，明显优于VGA方式。TMDS方式的缺点是传输线路比VGA方式要复杂一些，在TMDS方式中，每个数据通道传输三组差分数据对信号，每个差分数据对信号又包含两路信号（如TMDS数据0包含了RX0+和RX0-两路信号，这两路信号互为差分信号）。这样一来，一个数据通道事实上传输的是6路数据信号，再加上时钟对信号（也是两路），共有8路信号。如果启用双通道传输，则共有14路信号。

3. LVDS方式

师傅：现在我们再来谈谈LVDS方式。LVDS方式是液晶电视机主板电路与液晶屏组件之间常用的一种数字信号传输方式。其优点是传输速度快（比TMDS方式快）、功率较低、噪声干扰小。

徒弟：师傅，LVDS是什么意思？

师傅：LVDS是Low Voltage Differential Signaling的缩写，即低压差分信号传输。LVDS方式是一种低摆幅的差分信号传输方式，其系统供电电压可低至2V。LVDS方式拥有330mV的低压差分信号（最小250mV，最大450mV）和快速过渡时间，数据传输速度可达100～1000Mb/s。此外，这种低压摆幅可以降低系统功耗，同时具备差分传输的优点。

徒弟：LVDS方式的传输模型是怎样的？

师傅：下图是LVDS方式的传输模型，主板上的LVDS发送器（编码器）将并行RGB图像数据和行、场同步信号编成四组差分数据对信号（即LVA0P/LVA0M、LVA1P/LVA1M、LVA2P/LVA2M、LVA3P/LVA3M）和一组差分时钟对信号（即LVACKP/LVACKM），并传输给液晶屏组件。液晶屏组件中的LVDS解码器将四组差分数据对信号和一组差分时钟对信号进行解码，重新还原出并行RGB图像数据和行、场同步信号。在LVDS方式中，每组差分数据对（或差分时钟对）信号都包含两路信号，如LVDS数据0包含LVA0P和LVA0M两路数据，它们互为差分信号。

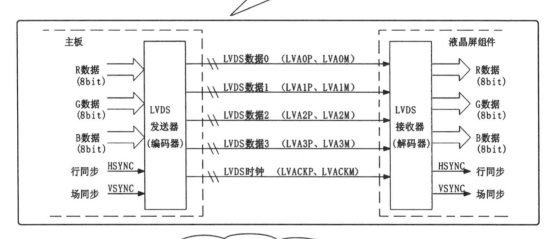

师傅，LVDS方式是不是比TMDS方式要简单一些？

LVDS方式比TMDS方式要复杂一些，上图中只画了一个A通道，所以显得简单，其实许多LVDS芯片具有A、B两个通道（即双路LVDS），B通道的信号传输与A通道完全一样。另外，LVDS信号的表示符号也很多，不同的厂商采用不同的符号进行表示，例如，A路信号一般用LVA、TXO、RXA等符号表示，B路信号一般用LVB、TXE、RXB等符号表示。

三、常用的信号接口及信号端子

1. 信号接口

师傅：为了接收计算机和其他视频设备送来的信号，液晶电视机必须配有相应的信号接口。常用的信号接口有D-SUB接口、DVI接口、HDMI接口等。瞧，这是D-SUB接口，又叫通用接口、模拟接口或VGA接口，这种接口可与模拟VGA输入直接相连。该接口传输的是模拟R、G、B信号及行、场同步信号。

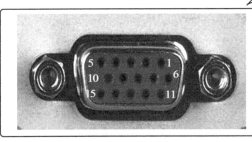

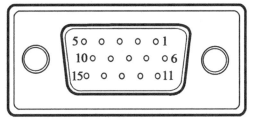

师傅：这是D-SUB接口的各针孔功能。

针孔序号（引脚）	功　　能	针孔序号（引脚）	功　　能
1	R（红）信号输入	9	+5V
2	G（绿）信号输入	10	逻辑接地
3	B（蓝）信号输入	11	接地
4	接地	12	串行数据线
5	联机检测（或接地）	13	行同步信号输入
6	R输入接地	14	场同步信号输入
7	G输入接地	15	串行时钟线
8	B输入接地		

师傅：这是DVI接口，又叫TMDS接口。这种接口用来接收TMDS信号，具有传输速度快、图像清晰的特点。DVI接口分为两种类型，一种是DVI-D接口，它只能接收数字信号；另一种是DVI-I接口，它可同时兼容模拟信号和数字信号的接收，但需要转接头。目前，液晶电视机上所配的DVI接口大多数是DVI-D接口，少数采用DVI-I接口。DVI接口有24个方形针孔，具有两个TMDS信号传输通道，每个通道包含三组差分数据对信号，两个通道共享一组差分时钟对信号。应用时，可使用一个通道，也可使用两个通道，使用两个通道时，传输速度提高一倍。目前，高清液晶电视机都使用两个通道。

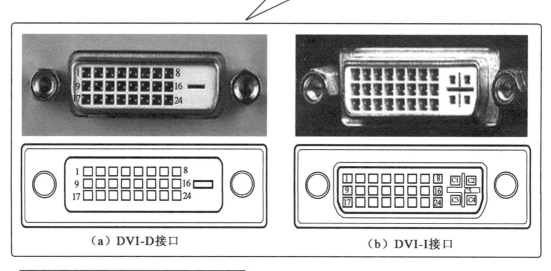

（a）DVI-D接口　　　　　　　　　　　（b）DVI-I接口

师傅：这是DVI-D接口各针孔的功能。

针孔序号（引脚）	功　　能	针孔序号（引脚）	功　　能
1	TMDS数据2-输入	13	TMDS数据3+输入
2	TMDS数据2+输入	14	+5V电源
3	TMDS数据2/4屏蔽（接地）	15	电源接地
4	TMDS数据4-输入	16	联机检测
5	TMDS数据4+输入	17	TMDS数据0-输入
6	串行时钟线	18	TMDS数据0+输入
7	串行数据线	19	TMDS数据0/5屏蔽（接地）
8	空脚	20	TMDS数据5-输入
9	TMDS数据1-输入	21	TMDS数据5+输入
10	TMDS数据1+输入	22	TMDS时钟屏蔽（接地）
11	TMDS数据1/3屏蔽（接地）	23	TMDS时钟+
12	TMDS数据3-输入	24	TMDS时钟-

徒弟：师傅，表中共有6路数据，它们各属哪个通道？
师傅：数据0~2属数据通道A，数据3~5属数据通道B。当使用一个通道时，4、5、12、13、20、21脚均未用。
徒弟：DVI-I接口各针孔功能与DVI-D接口各针孔功能相同吗？
师傅：对于DVI-I接口来说，8脚为模拟场同步输入；C1、C2、C3脚分别为模拟R、G、B信号输入；C4脚为模拟行同步信号输入；C5脚为接地脚。其余皆相同。

师傅：这是HDMI接口。HDMI的英文全称是"High-Definition Multimedia Interface"，意为高清晰度多媒体接口。HDMI接口可以提供高达5Gb/s的数据传输带宽，可以传送无压缩的音频信号及高分辨率视频信号。HDMI接口有19个引脚位，分为两排，上排10个，下排9个。

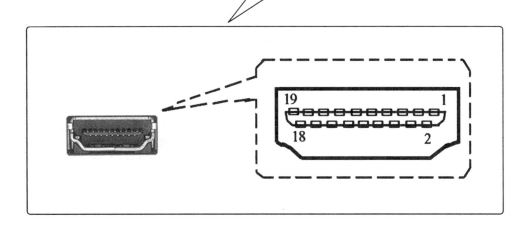

徒弟：HDMI接口传输的是数字信号还是模拟信号？

师傅：HDMI接口传输的是数字信号且仍采用TMDS传输方式，只不过它所传输的信号是经过HDMI编码后的信号（包含视频信号、音频信号及一些辅助信号）。HDMI编码信号必须经过解码后方可恢复出原并行的数字视频信号和数字音频信号。

师傅：这是HDMI接口各引脚功能。

针孔序号（引脚）	功　能	针孔序号（引脚）	功　能
1	TMDS数据2+输入	11	TMDS时钟屏蔽（接地）
2	TMDS数据2屏蔽（接地）	12	TMDS时钟-
3	TMDS数据2-输入	13	CEC传输
4	TMDS数据1+输入	14	空脚
5	TMDS数据1屏蔽（接地）	15	串行时钟线（SCL）
6	TMDS数据1-输入	16	串行数据线（SDA）
7	TMDS数据0+输入	17	接地
8	TMDS数据0屏蔽（接地）	18	+5V电源
9	TMDS数据0-输入	19	联机检测
10	TMDS时钟+		

徒弟：表中的CEC传输是什么意思？

师傅：HDMI接口提供了一个CEC通道，以传输一种统一的控制信号，控制HDMI接口上所连的所有装置，使它们能一同播放、一同待机等。CEC功能为用户带来了方便，它允许用户使用一个遥控器控制多个支持CEC的音/视频设备。

徒弟：无论是D-SUB接口，还是DVI接口或HDMI接口，都有一组串行时钟线、串行数据线，这组线起何作用？

师傅：这是一组I²C总线通道，主机或其他视频设备通过串行时钟线和串行数据线来检测液晶电视机的硬件设置情况，以便实现即插即用功能。

2. 信号端子

师傅：信号端子有如下一些。

（1）AV输入或输出端子：液晶电视机一般配有1～3路AV输入端子和一路AV输出端子。无论是AV输入端子，还是AV输出端子均采用莲花插座，如图（a）所示，每路AV端子包含3个插孔，其中一个插孔用来传输复合视频信号，常标有"VIDEO"、"V"或"视频"字样，另外两插孔用来传输左、右两路音频信号，常标有"R(右)"、"L(左)"字样。AV输入或输出端子通过AV线与其他音/视频设备相连，传输的视频信号和音频信号均为模拟信号。AV线的形状如图（b）所示。

（2）分量输入端子：液晶电视机至少配有一路分量输入端子，分量输入端子也采用莲花插座，传输的视频信号是亮度信号和两个色差信号，亮度信号用"Y"表示，红色差信号用"V"或"Pr"表示，蓝色差信号用"U"或"Pb"表示，同时还传输左、右两路音频信号。当采用分量输入时，需用5个插孔。分量输入端子也通过AV线与其他音/视频设备相连，传输的信号均为模拟信号。

（3）S端子：有些液晶电视机配有一路S端子，S端子如图（c）所示，它传输的是Y（亮度）和C（色度）分离信号，S端子通过S端子线与其他音/视频设备相连，传输的Y信号和C信号均为模拟信号，S端子线如图（d）所示。S端子一般与某路AV输入端子公用音频输入孔。

在诸路端子中，以分量输入端子效果最好，S端子次之，AV输入端子最差。

徒弟：明白了。

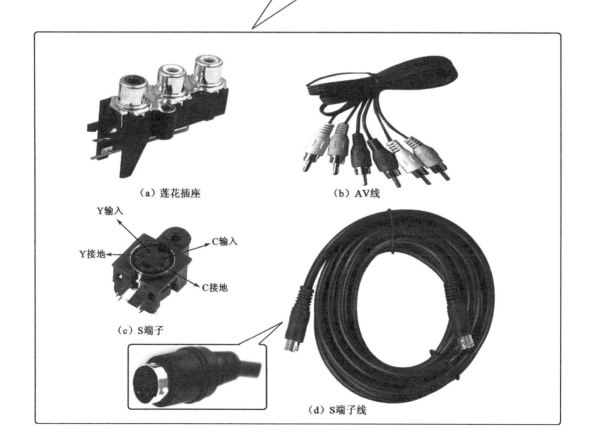

（a）莲花插座　　（b）AV线
（c）S端子　　（d）S端子线

3. 信号接口及信号端子配置举例

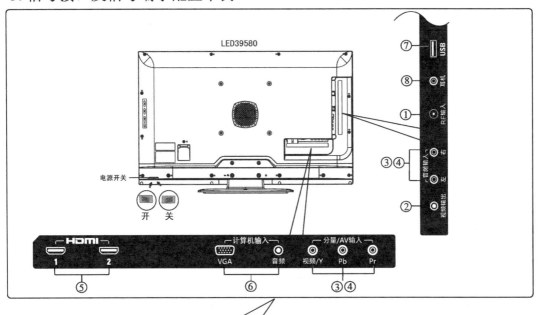

师傅：这是长虹LED39580液晶电视机的信号接口及信号端子示意图，各接口及端子的作用如下。
①RF输入端子。
该端子为射频输入端子。用于连接天线或有线电视网，接收天线信号或有线电视信号。
②视频信号输出端子。
该端子可将电视机的视频信号输出作为信号源使用。
③ AV输入端子。
AV输入端子由"视频/Y"与"音频输入"组成，"视频/Y"端口接视频信号，"音频输入"端口接音频信号，用于连接音/视频设备，如DVD、VCD、机顶盒等。
④分量输入端子。
分量输入端子由"视频/Y"、"Pb"、"Pr"及"音频输入"组成，"视频/Y"、"Pb"、"Pr"三个端口分别接Y、U、V信号，"音频输入"端口接音频信号。用于连接机顶盒、DVD等具有分量输出端子的音/视频设备。
⑤HDMI接口。
支持有HDMI连接的AV设备(如机顶盒、DVD和计算机等)，使用一根电缆即可传输数字音频和视频信号。本机配有两个HDMI接口。
⑥计算机输入端口。
计算机输入端口由"VGA"接口和"音频"端口组成。用于连接计算机主机，计算机音频信号从对应的音频端口输入。
⑦ USB端口。
USB端口用于连接移动存储设备，如U盘等。
⑧耳机插孔。
使用者可通过耳机插孔使用耳机。
值得注意的是，在连接外部设备前，请先确定电视机及外部设备的电源都已关闭。连接时请对照端口名称及端口颜色连接信号线。连接完毕后，打开电视机及外部设备，按遥控器上的"TV/AV"键出现信号源菜单，再按"上/下"键选择信号源，按"确认"键进入相应模式，即可方便地使用外部设备。

第10日 液晶电视机的电路结构
一、液晶电视机的电路结构框图

师傅，您说过液晶电视机兼容液晶显示器，我想知道它们之间究竟有何区别？

它们之间的主要区别体现在屏幕的大小和电路的结构上。液晶显示器的屏幕尺寸一般在24in以下，主打产品为19～22in。而液晶电视机的屏幕尺寸通常在24in以上，主打产品集中在32～50in之间。液晶电视机的电路结构比液晶显示器要复杂得多，液晶显示器内部所处理的信号是视频信号，信号处理电路均为数字电路；而液晶电视机内部所处理的信号有高频（射频）信号、中频信号及视频信号，高、中频处理电路均为模拟电路。

徒弟：液晶电视机的电路结构框图是怎样的？
师傅：液晶电视机的电路结构框图如下。

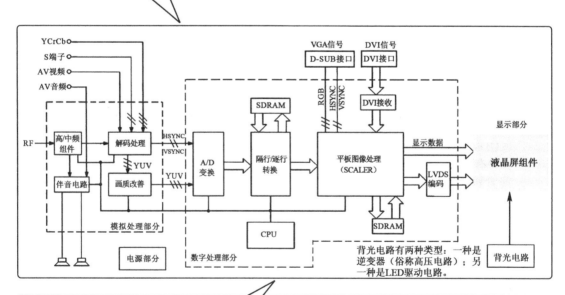

师傅：由上图可以看出，液晶电视机的电路包含了5个部分，即模拟处理部分、数字处理部分、显示部分、电源部分及背光电路。
徒弟：师傅，是否所有的液晶电视机上都设有D-SUB接口和DVI接口？
师傅：绝大多数设有D-SUB接口，只有少数设有DVI接口。有了D-SUB接口或DVI接口后，可以将液晶电视机当作液晶显示器使用，从而使液晶电视机的功能得到了扩展。

师傅,模拟处理部分的作用是怎样的?它的各单元电路所起的作用又是怎样的?

模拟处理部分主要由高/中频组件(相当于传统显像管彩电的高频调谐器和中频通道)、解码处理电路、画质改善电路、伴音电路构成。模拟处理部分的主要作用是完成模拟信号的处理,内容包括高频处理、中频处理、伴音处理、TV/AV/S/YUV切换、视频解码处理、画质处理及行、场同步处理。它一举完成伴音处理,最终推动扬声器工作,同时输出模拟YUV信号和行、场同步信号(HSYNC、VSYNC)提供给数字处理部分。模拟处理部分各单元电路的作用如下图所示。

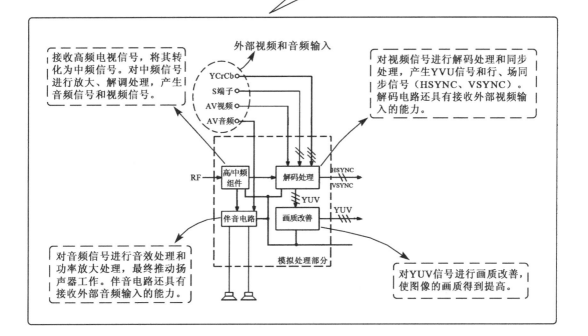

接收高频电视信号,将其转化为中频信号。对中频信号进行放大、解调处理,产生音频信号和视频信号。

对视频信号进行解码处理和同步处理,产生YVU信号和行、场同步信号(HSYNC、VSYNC)。解码电路还具有接收外部视频输入的能力。

对音频信号进行音效处理和功率放大处理,最终推动扬声器工作。伴音电路还具有接收外部音频输入的能力。

对YUV信号进行画质改善,使图像的画质得到提高。

徒弟:师傅,为什么液晶电视机的高频电路和中频电路都做成组件的形式?

师傅:在液晶电视机中,高频电路和中频电路通常封装在同一个金属盒内部,形成一个组件。这种组件形式的电路有三大好处:一是有利于简化电路,能有效缩小电路板的面积;二是能防止高、中频辐射,避免高、中频辐射对液晶屏的影响;三是可以增强产品的可靠性和一致性。

徒弟:液晶电视机的解码处理电路与显像管彩电的解码处理电路相同吗?

师傅:二者完全一样。许多液晶电视机的解码处理电路都沿用了显像管彩电的解码芯片。不光如此,画质改善电路也与显像管彩电一样,但伴音电路有所区别,为了提高电路效率,许多液晶电视机采用了D类功率放大器。

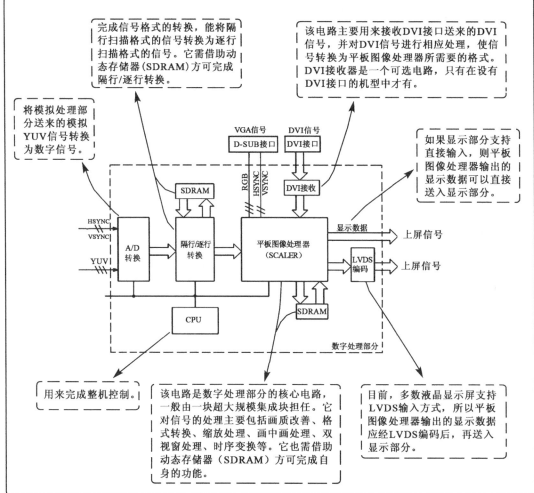

二、液晶电视机的机芯

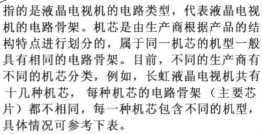

师傅，液晶电视机的机芯指的是什么？

指的是液晶电视机的电路类型，代表液晶电视机的电路骨架。机芯是由生产商根据产品的结构特点进行划分的，属于同一机芯的机型一般具有相同的电路骨架。目前，不同的生产商有不同的机芯分类，例如，长虹液晶电视机共有十几种机芯，每种机芯的电路骨架（主要芯片）都不相同，每一种机芯包含不同的机型，具体情况可参考下表。

机 芯	主要芯片	代 表 机 型
LS07	TDA15063H MST518	CHD-TD150F7、CHD-TD170F7、CHD-TD201F7、LT1512、LT1712、LT2012、LT2612、LT2712、LT2088、LT2788、LT2619、LT2719
LS08	TDA15063 GM1501	CHD-W260F8、CHD-W270F8、CHD-W320F8、CHD-W370F8、CHD-TD260F8、CHD-TD320F8、CHD-TD370F8、LT2618、LT3218、LT3718、LT4018、LT4218、LT4219B、LT5520
LP09	PW328 PW2300	LT3718H、LT4099、LT4219、LT4219H、LT4219P、LT4233、LT4266、LT4299、LT4619、LT4719H、LT4720H、LT4699
LS10	SAA7117 MST5151A	LT3212、LT3219P、LT3288、LT3712、LT3719P、LT3788、LT4028、LT4288
LS12	MST9U88L	LT32600、LT37600、LT40600、LT42600、LT47600、LT4219P(L04)、LT4619P(L04)、LT47588、LT37700、LT42700、LT47700、LT32866、LT37866
LS15	MST718BU-LF	LT3212（L01）、LT19600、LT26600、LT26700、LT32700
LT16	SVP WX68	LT4219FHD（L05）、LT4719FHD（L05）、LT42866DR、LT42866FHD、LT42900FHD、LT46900FHD、LT47866FHD、LT47866DR、LT52700FHD、LT52900FHD
LS20	MST6M69L-LF或 MST6M69FL-LF	LT32900、LT37900FHD、LT32876、LT40876FHD、LT42876FHD、LT42710FHD、LT47710FHD、LT42810DU、LT42810FU、LT47810FU、LT47810QU、LT55810DU
LS23	MST721DU	LT22610、LT22620、LT26610、LT26620、LT26629、LT32620、LT32629、LT32620、LT32710、LT37710
NT7263	NT7263	LT26519、LT26510、LT32519、LT32510
MST98881	MST98881	LT42510FHD
LS26	MST6M15JS	LT24610、LT26729、LT32729、LT42729、LT46729F、ITV32830、ITV40830DE、ITV46830、ITV42839

三、电路板

师傅：液晶电视机一般采用两板或三板结构。当采用两板结构时，它的电源和背光驱动电路位于同一电路板上，称为电源/背光板；模拟处理部分和数字处理部分位于另一块电路板上，称为主板。当采用三板结构时，电源和背光驱动电路是分开的，各自位于不同的电路板上，分别称为电源板和背光板；模拟处理部分和数字处理部分仍位于主板上。下面我以三板结构为例来介绍一下液晶电视机的电路板。

师傅：这是某液晶电视机的电源板，液晶电视机的电源比CRT电视机的电源要复杂得多，其上除了装有开关电源外，还装有功率因数校正电路。
徒弟：什么是功率因数校正电路？
师傅：关于这一点，大家先不必理会，等学完电源电路后自然就知道了。

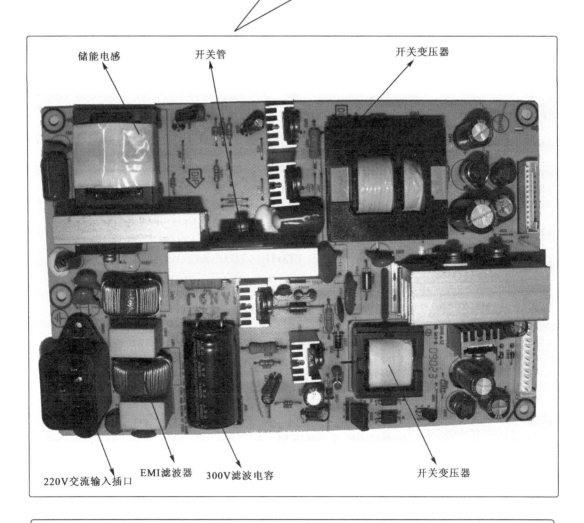

徒弟：师傅，液晶电视机的电源板上怎么会出现多个开关变压器？
师傅：关于这个问题，等我们学习具体电路后就知道了，暂时不必理会。

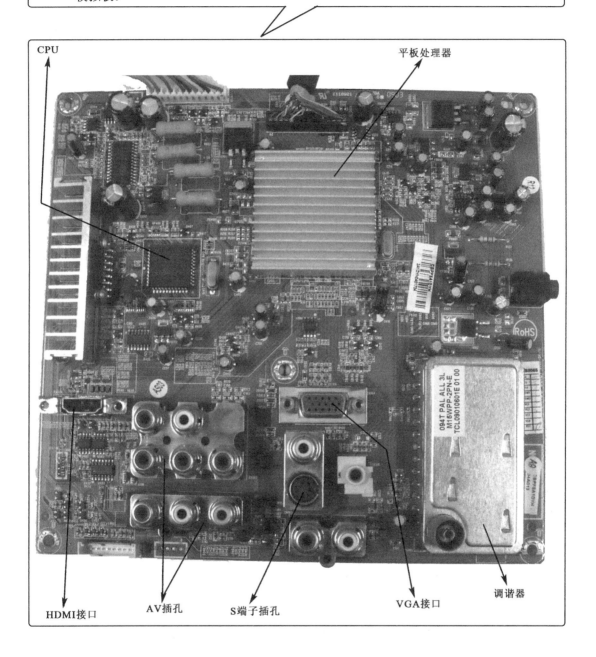

师傅：这是背光板（逆变器）照片，背光板用来驱动CCFL工作，背光驱动电路的所有元器件都安装在这块电路板上。

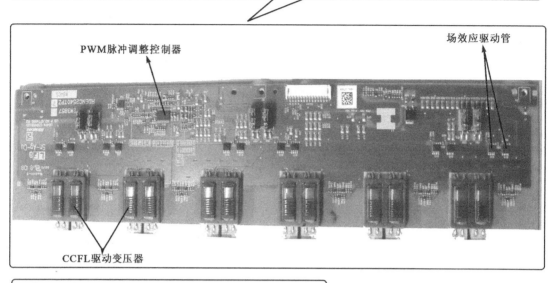

师傅：三块电路板在液晶电视机中的位置如下图所示。

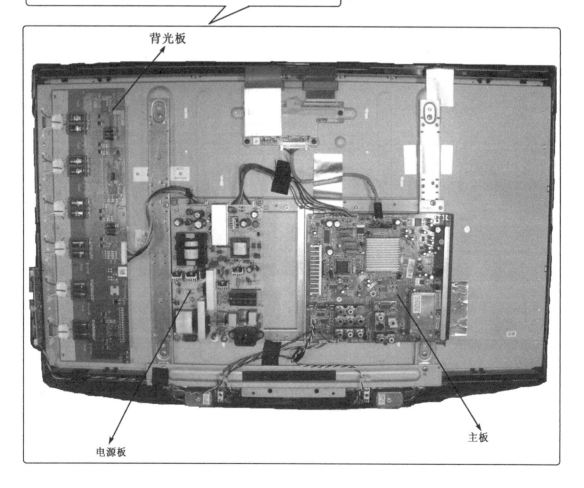

四、各组件之间的连接方式

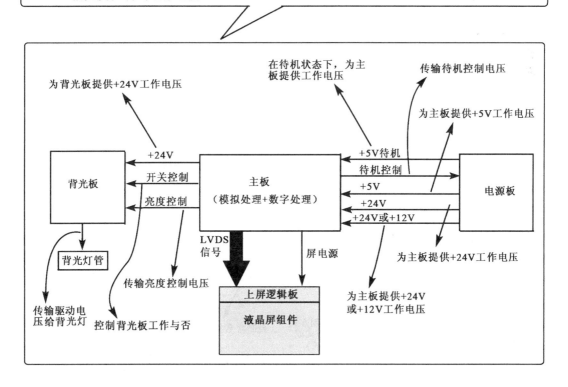

师傅：当液晶电视机采用两板结构时，各组件之间的典型连接方式有如下两种，请参考下面的两幅框图。

连接方式1

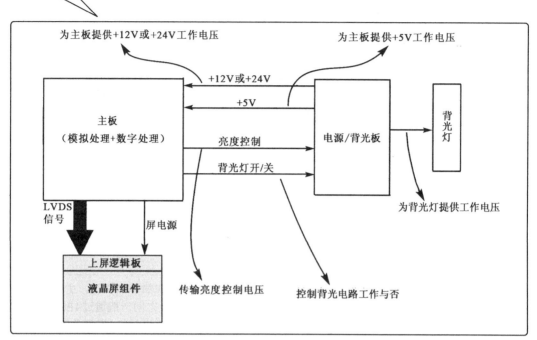

连接方式2

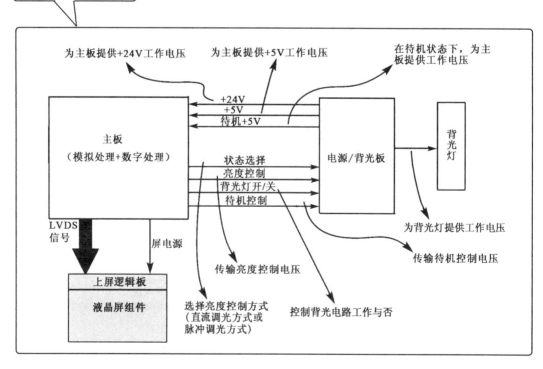

当液晶电视机为一体机时，其内部只有一块电路板，各组件之间的连接非常简单。

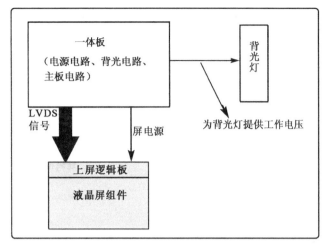

五、液晶屏组件的附属电路

师傅：液晶屏组件由显示屏、行列驱动电路、背光灯构成；液晶屏组件的附属电路指的是与屏绑定的逻辑板，有的厂商为了提高产品的可靠性，还将背光板（逆变器）与屏绑定，使其成为液晶屏组件的附属电路。当逻辑板和背光板损坏时，在无法修复的情况下，应选择原厂提供的相同型号的逻辑板和背光板进行替换。

师傅：这是三星LTA320W2-L03液晶屏及其附属电路示意图，在液晶屏上绑定了三块电路板，一块为逻辑板，另两块为左、右背光板，这些板的型号在图中已经注明。该屏共有16个CCFL背光灯，分成两组，每组8个，分别由左、右背光板驱动。

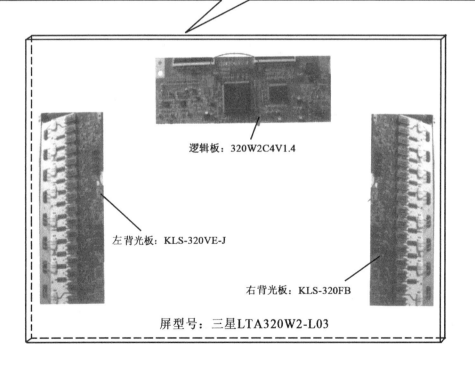

· 81 ·

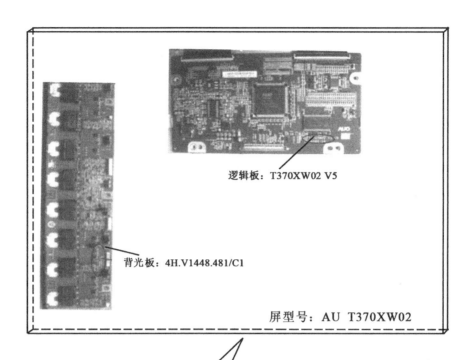

逻辑板：T370XW02 V5

背光板：4H.V1448.481/C1

屏型号：AU T370XW02

师傅：这是型号为AU T370XW02的液晶屏及其附属电路示意图，在液晶屏上绑定了两块电路板，一块是背光板（逆变器），其型号为4H.V1448.481/C1；另一块是逻辑板，其型号为T370XW02 V5。为了防止电磁干扰，必须用金属盒将背光板和逻辑板屏蔽起来。若电视机生产厂选用这种液晶屏，则无需设计背光板和逻辑板，只需设计电源板和主板即可。

师傅：这是京都方HT201V01-101液晶屏及其附属电路示意图，屏上只绑定了一块逻辑板，电视机生产厂使用这种液晶屏时，必须自行设计背光板、电源板和主板。

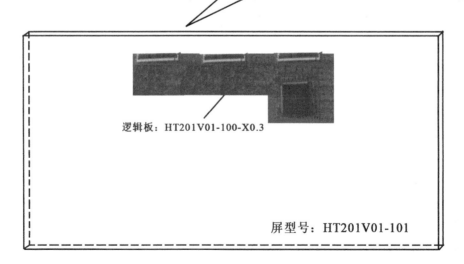

逻辑板：HT201V01-100-X0.3

屏型号：HT201V01-101

第11日 电源电路

一、电源电路的结构形式

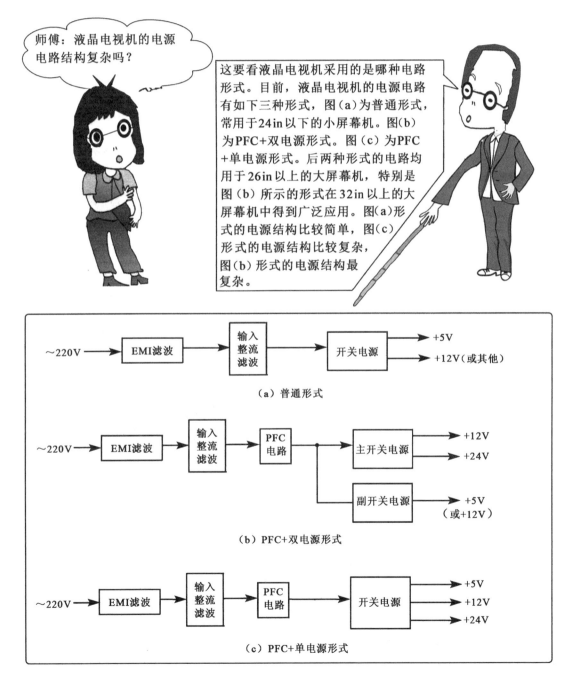

(a) 普通形式

(b) PFC+双电源形式

(c) PFC+单电源形式

二、普通式电源电路

1. EMI滤波电路

师傅：这是EMI滤波器，它由滤波电感L1、滤波电容C1～C3等元器件构成，其作用有两点：一是阻止电网中的高频干扰进入电视机内部，以及防止这种高频干扰对电视机产生影响；二是阻止开关电源的开关脉冲及其高次谐波进入电网，以及防止开关电源对电网的污染。

（图示：220V输入、电源插头、电网地线、熔丝F1 3.15A、NR1（负温度系数热敏电阻，刚开机时阻值为数欧姆，随后，电阻发热，其阻值迅速下降至接近0。由于刚开机时阻值大，有利于减小开机瞬间的浪涌电流，随后阻值降至很小，因而基本不会消耗电能）、C1 470nF/275V、R1 2M、L1 7mH、C2 1n/250、C3 1n/250、220V）

师傅：值得一提的是，图中所画的EMI滤波器只用了一个电感（L1），在实际应用中，也可以使用两个或两个以上的电感。

2. 输入整流滤波电路

师傅：这是整流滤波电路，该电路的作用是将220V的交流电压转换为+300V的直流电压。整流电路一般由桥堆来担当，要求桥堆耐压在500V以上，整流电流在2A以上即可，如2KBP06～2KBP10等。要求滤波电容的容量在100～220μF，耐压在400V以上即可。为了提高高频滤波效果，可以在滤波电容上并联一个瓷片电容（容量在1000～10000pF，耐压在700V以上）。

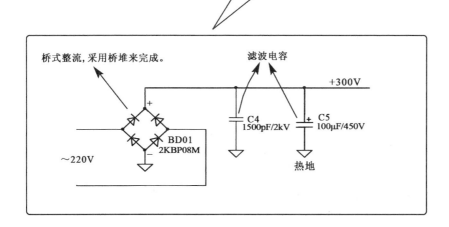

（图示：桥式整流，采用桥堆来完成。滤波电容。～220V、BD01 2KBP08M、C4 1500pF/2kV、C5 100μF/450V、+300V、热地）

3. 开关电源核心电路

师傅：这是开关电源的核心电路，包含了电源控制IC、开关管及开关变压器等元器件，电源控制IC用来产生PWM（脉冲宽度调制）脉冲，以激励开关管工作，也就是说液晶电视机的开关电源属他激式电源。电源控制IC与+300V电压之间一般接有启动电阻，即R3，依靠启动电阻来给电源控制IC提供启动电流，使电路工作。开关管工作后，开关变压器初级绕组上会不断产生脉冲电压，经变压后从次级输出。

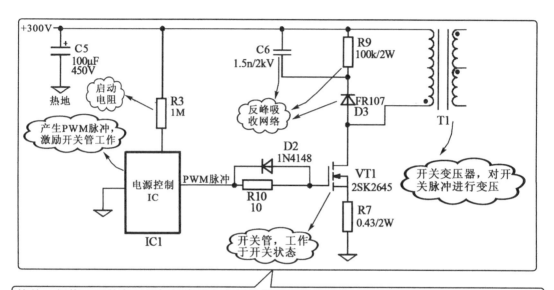

徒弟：师傅，开关变压器初级绕组上为何要接反峰吸收网络？

师傅：在开关管截止瞬间，开关变压器初级绕组产生下正上负的反峰电压，该电压与300V电压叠加后作用于开关管的漏-源之间，很容易击穿开关管。使用反峰吸收网络后，能使初级绕组上的反峰脉冲经反峰吸收网络而释放，从而有效地保护了开关管。

师傅：目前，小屏幕液晶电视机的电源控制IC大多是8脚封装，外形有两种，一种采用SOP-8封装形式；另一种采用DIP-8封装形式。分别如下图所示。

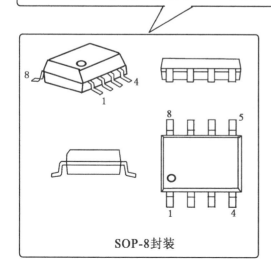

SOP-8封装

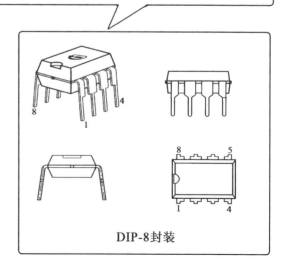

DIP-8封装

4. 输出整流滤波电路

师傅：这是输出整流滤波电路，多数情况下采用孪生二极管并联形式来完成整流任务，图中D4就是孪生二极管（内部含有两个完全相同的二极管），当然也可采用普通二极管来完成整流。+12V整流二极管的整流电流应达到6A以上，反向耐压应达到80V以上。+5V整流二极管的整流电流应达到3A以上，反向耐压应达到50V以上。滤波电容的容量应在1000μF以上。

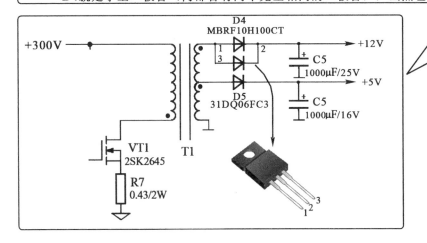

5. 稳压电路

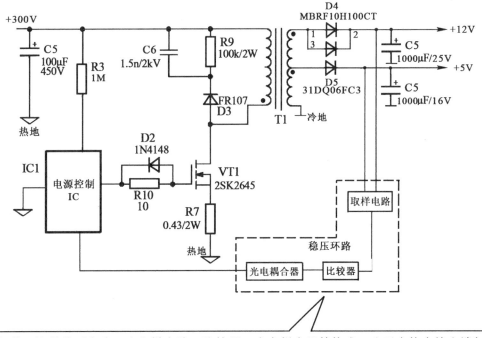

师傅：这是稳压电路，由取样电路、比较器、光电耦合器等构成。由于它接在输出端与电源控制IC之间，使整个电源构成了一个环路，故稳压电路又称稳压环路。取样电路负责检测输出电压的变化情况；比较器负责将取样电压与基准电压进行比较，以形成误差电压，并对误差电压进行放大；光电耦合器负责将误差电压传输给电源控制IC，使电源控制IC能及时调整PWM脉冲的宽度，最终使输出电压保持稳定。由于光电耦合器是以电-光-电的形式传输信号，因而具有良好的隔离性，使得热地和冷地之间相互隔离。

三、PFC+双电源式电源电路

师傅：这种电源电路中增加了PFC电路，并且含有主、副两个开关电源。副开关电源输出+5V或+12V电压；主开关电源输出+24V和+12V电压。

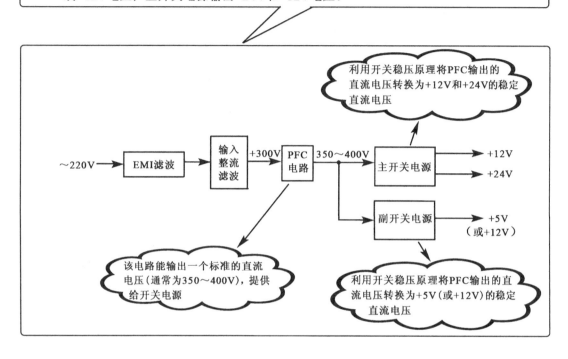

利用开关稳压原理将PFC输出的直流电压转换为+12V和+24V的稳定直流电压

该电路能输出一个标准的直流电压（通常为350～400V），提供给开关电源

利用开关稳压原理将PFC输出的直流电压转换为+5V（或+12V）的稳定直流电压

师傅，PFC电路究竟是什么电路，它有何作用？

PFC电路又叫功率因数校正电路，PFC是英文Power Factor Correction的缩写，意思是功率因数校正。PFC电路实际上是一个A/D转换器，该电路能输出一个标准的直流电压（常为350～400V）提供给开关电源，从而使开关电源的供电电压不受220V市电波动的影响，并且开关管总是工作在固定的脉宽状态下，其饱和时间比无PFC电路时要短，功率消耗要小，从而提高了开关管的可靠性。

徒弟：师傅，PFC电路的结构是怎样的？它的工作原理又是怎样的？
师傅：PFC电路的结构如下图所示，它由储能电感、PFC控制器、开关管、整流滤波电路及稳压环路构成，其工作原理与开关电源类似。利用输入整流滤波电路产生的+300V直流电压作为PFC电路的供电电压，由PFC控制器产生开关脉冲，控制开关管进入开关状态，在开关管饱和时，储能电感产生左正右负的感应电压，同时储存能量；在开关管截止时，储能电感产生左负右正的感应电压，该电压与+300V电压相叠加，再经整流滤波后得到PFC电压，PFC电压的大小一般在350～400V之间。为了使PFC电压稳定，电路中还设有稳压环路，通过对PFC电压进行取样后获得PFC电压的变化信息，进而调制开关脉冲的宽度，最终使PFC电压保持稳定。

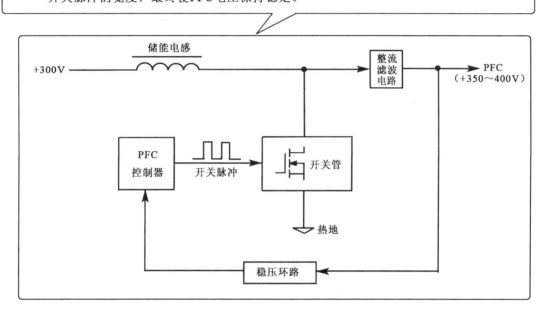

徒弟：师傅，听您这样分析，PFC电路岂不成了一个升压式开关电源了。
师傅：是的，一点也没错，PFC电路实际上就是一个升压式开关电源。
徒弟：师傅，对于PFC+双电源形式的电源电路来说，其主开关电源与副开关电源的结构相同吗？
师傅：不同，副开关电源功率小，常为单管他激式开关电源；主开关电源功率大，一般采用双管谐振式开关电源，关于这种电源，后续内容中将有详细分析。

四、PFC+单电源式电源电路

师傅：这类电源电路含有PFC电路和一个开关电源，从框图上看似乎比较简单，其实不然，由于开关电源要输出多路电压，故实际结构并不简单。

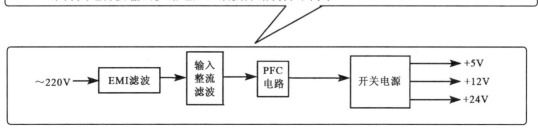

五、电源电路中的关键元器件

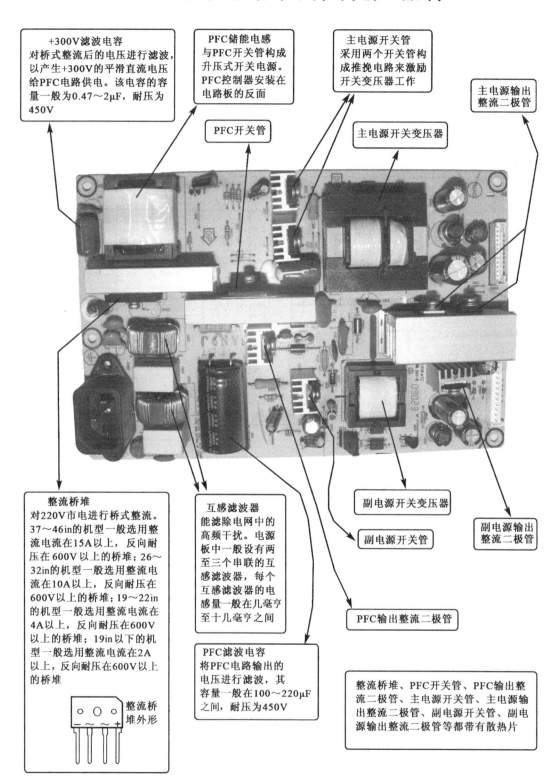

- +300V滤波电容：对桥式整流后的电压进行滤波，以产生+300V的平滑直流电压给PFC电路供电。该电容的容量一般为0.47～2μF，耐压为450V
- PFC储能电感与PFC开关管构成升压式开关电源。PFC控制器安装在电路板的反面
- 主电源开关管采用两个开关管构成推挽电路来激励开关变压器工作
- 主电源输出整流二极管
- PFC开关管
- 主电源开关变压器
- 整流桥堆：对220V市电进行桥式整流。37～46in的机型一般选用整流电流在15A以上，反向耐压在600V以上的桥堆；26～32in的机型一般选用整流电流在10A以上，反向耐压在600V以上的桥堆；19～22in的机型一般选用整流电流在4A以上，反向耐压在600V以上的桥堆；19in以下的机型一般选用整流电流在2A以上，反向耐压在600V以上的桥堆
- 整流桥堆外形
- 互感滤波器：能滤除电网中的高频干扰。电源板中一般设有两至三个串联的互感滤波器，每个互感滤波器的电感量一般在几毫亨至十几毫亨之间
- PFC滤波电容：将PFC电路输出的电压进行滤波，其容量一般在100～220μF之间，耐压为450V
- 副电源开关变压器
- 副电源开关管
- PFC输出整流二极管
- 副电源输出整流二极管
- 整流桥堆、PFC开关管、PFC输出整流二极管、主电源开关管、主电源输出整流二极管、副电源开关管、副电源输出整流二极管等都带有散热片

第12日 由LD7576构成的开关电源

徒弟：师傅，由LD7576构成的开关电源用在哪些液晶电视机中？
师傅：由LD7576构成的电源应用非常广泛，如AOC T2255We、T2355e等液晶电视机均采用这种电源。今天，我们就来学习这种电源。

一、LD7576概述

LD7576是Leadtrend（通嘉）科技公司推出的具有绿色工作模式的电源控制集成块，负责产生开关脉冲，完成稳压控制及各种保护等任务。广泛用于液晶显示器、小屏幕液晶电视机及电源适配器中。

LD7576包含多个型号，它们在封装形式、保护特点及工作频率方面略有区别，可参考下表。

用途真广。

型号	工作频率	保护特点	封装形式	型号	工作频率	保护特点	封装形式
LD7576PS	65kHz/20kHz	自动恢复	SOP-8	LD7576HPS	65kHz/20kHz	锁存	SOP-8
LD7576GS	65kHz/20kHz	自动恢复	SOP-8	LD7576HGS	65kHz/20kHz	锁存	SOP-8
LD7576PN	65kHz/20kHz	自动恢复	DIP-8	LD7576HPN	65kHz/20kHz	锁存	DIP-8
LD7576JPS	100kHz/32kHz	自动恢复	SOP-8	LD7576KPS	100kHz/32kHz	锁存	SOP-8
LD7576JGS	100kHz/32kHz	自动恢复	SOP-8	LD7576KGS	100kHz/32kHz	锁存	SOP-8
LD7576JPN	100kHz/32kHz	自动恢复	DIP-8	LD7576KPN	100kHz/32kHz	锁存	DIP-8

注：工作频率栏中的前一个频率为正常模式下的频率，后一个频率为绿色模式下的频率。

SOP-8

DIP-8

徒弟：师傅，LD7576的内部框图是怎样的？
师傅：LD7576的内部框图如下。

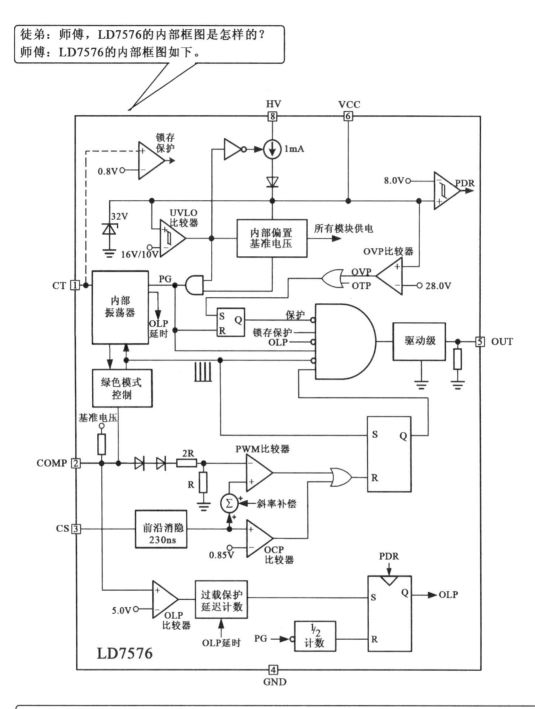

徒弟：LD7576有哪些主要特点？
师傅：LD7576的主要特点有：(1)采用高压启动(最高为500V)；(2)电流模式控制；(3)无噪声绿色控制模式；(4)欠压锁存功能(UVLO)；(5)前沿消隐功能；(6)斜率补偿功能；(7)过压保护功能(OVP)；(8)过热保护功能(OTP)；(9)过载保护功能(OLP)；(10)锁存模式或自动恢复模式保护功能；(11)500mA驱动能力；(12)过载保护延迟时间可调。

徒弟：师傅，LD7576的各引脚功能是怎样的？
师傅：LD7576的引脚功能见下表。

引脚	符号	功　　能
1	CT	过载保护延迟时间设定，外接0.047～0.1μF的电容，延迟时间为55～110ms。该引脚还能用于锁存保护模式，当该引脚电压低于0.8V时，内部控制器将进入锁存模式
2	COMP	电压反馈引脚，用于稳压控制。若该引脚电压下降，则开关管饱和时间就会缩短，输出电压也会下降。若该引脚电压上升，则开关管饱和时间会加长，输出电压会上升。该引脚电压下降至2.35V时，进入绿色模式；超过5.6V时，过载保护
3	CS	开关管电流检测端。该引脚电压超过0.85V时，过流保护
4	GND	接地
5	OUT	开关脉冲输出端，驱动开关管栅极。开关脉冲的低电平为1V，高电平为8V
6	VCC	供电端。启动电流为100μA，运行电流为3.5mA；启动电压为16V，过压保护点为28V，欠压保护点为10V
7	NC	空脚
8	HV	高压启动端。当电路正常工作后，该引脚功能被禁止，以减小损耗

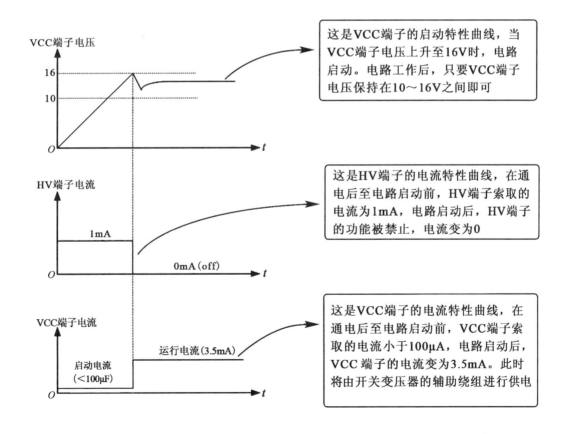

二、电源电路的结构

师傅：这是由LD7576构成的开关电源电路（取自AOC T2255We液晶电视机）。 徒弟：电路还是挺扎实的。

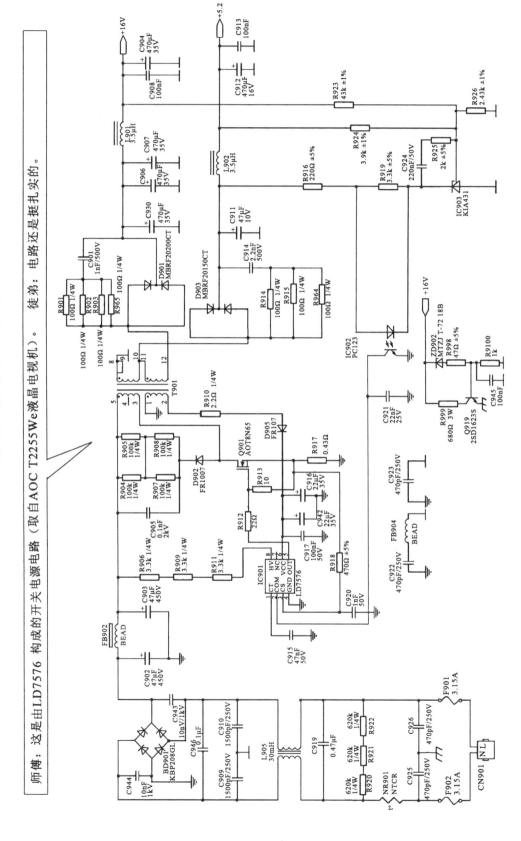

三、开关电源电路分析

徒弟： 师傅，这个电路太复杂了，请您给我们分析一下吧。

师傅： 分析液晶电视机开关电源电路时可按四步进行，第一步分析EMI滤波和输入整流滤波电路；第二步分析开关电源核心电路；第三步分析输出整流滤波电路；第四步分析稳压电路。

徒弟： 师傅，请您示范一下吧。

师傅： 现在我们就按照这四步来分析这个开关电源电路，第一步分析EMI滤波及输入整流滤波电路。先将这部分电路剥离出来，如下图所示。EMI滤波器主要由C919、L905、C909、C910、C946等元器件构成，它既能滤除电网中的高频干扰，阻止高频干扰脉冲进入电视机内部，又能阻止开关电源的开关脉冲进入电网中，防止开关脉冲对电网造成污染。输入整流电路由桥堆BD901担任，是一个桥式整流电路。整流后的电压由C902、FB902、C903进行滤波，形成+300V的平滑直流电压，提供给开关管和电源控制IC。

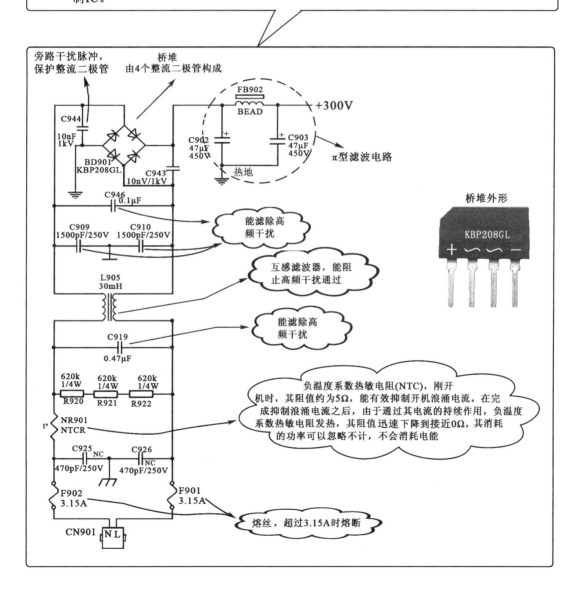

师傅：第二步分析开关电源的核心电路。这部分电路包括电源控制IC、开关管及开关变压器等元器件，先将这部分电路剥离出来，如下图所示。

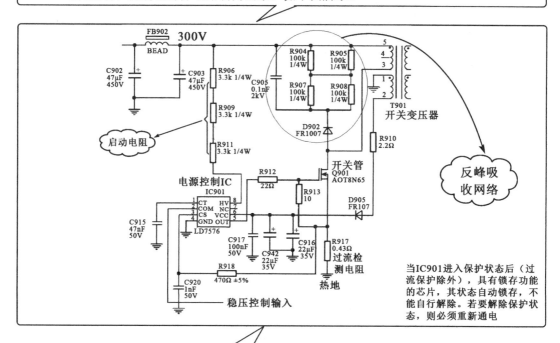

徒弟：师傅，这个电路的工作过程是怎样的？

师傅：300V的直流电压一方面经开关变压器的初级绕组（5～3绕组）加至开关管Q901的漏极；另一方面经启动电阻R906、R909、R911加至IC901的8脚，使内部建立起启动电流源，该电流源对6脚外部电容C942、C916充电，6脚电压上升。当6脚电压上升至16V时，内部电路启动，并进入工作状态，从5脚输出开关脉冲，使开关管Q901进入开关工作状态。Q901进入开关工作状态后，开关变压器T901的初级绕组上会产生脉冲电压，各次级绕组上会感应出脉冲电压。一旦IC901工作，其6脚的电流会上升，此时，内部电流源所提供的电流将不足以满足6脚的需要，所以由开关变压器1～2绕组上的脉冲电压经R910限流、D905整流，再由C916、C942滤波后所产生的直流电压来给6脚供电，以继续满足6脚的需要。

徒弟：这个电路是如何实现保护功能的？

师傅：这个电路具有多重保护功能，各保护电路的工作过程是这样的。

（1）过流保护：当由于某种原因（如负载短路、稳压环路故障等）引起开关管Q901的电流增大时，R917上的电压也必升高，该电压经R918、C920滤波后送至IC901的3脚，只要3脚电压超过0.85V，并持续230ns，内部过流保护电路即动作，从而使5脚提前输出低电平，Q901提前截止，有效抑制Q901电流的上升，实现过流保护。

（2）过压保护：当稳压环路开路时，各路输出电压会大幅上升，IC901的6脚电压也会大幅上升，只要6脚电压达到28V以上时，5脚立即停止脉冲输出，并进入过压保护状态。

（3）欠压保护：电路工作后，IC901的6脚电压只需维持在10～16V之间即可，如果由于某种原因使得6脚电压下降至10V以下，IC901的5脚就立即停止脉冲输出，进入欠压保护状态。

（4）过载保护：当负载过重时，输出电压会大幅下降，在稳压电路的作用下，IC901的2脚电压会超过5.6V，从而使芯片进入过载保护状态，5脚停止脉冲输出。

（5）过热保护：当芯片温度超过140℃时，芯片进入过热保护状态，5脚停止脉冲输出。

师傅：LD7576具有绿色工作模式。

徒弟：师傅，什么是绿色工作模式？

师傅：绿色工作模式是一种节能工作模式，是针对机器在待机状态下的节能要求而开发的。

徒弟：电路在什么情况下才会进入绿色工作模式？

师傅：在待机状态（即轻载状态）时才会进入。在待机时，电路轻载运行，内部绿色模式控制器会使振荡器的振荡频率变低（20kHz或32kHz），此时电源工作于绿色模式下，其功耗仅为0.5W左右。按压遥控器上的"开/关"键时，整机转为工作状态，电源负载提高，电路转为正常工作模式，此时振荡频率不受绿色工作模式控制器的控制提高至正常值。

徒弟：为什么在轻载状态下，电路就转为绿色工作模式？

师傅：在轻载状态下，各路输出电压要上升，此时稳压电路会将2脚电压调低，只要2脚电压低于2.35V，电路就进入绿色工作模式。也就是说，电路是依靠检测2脚的电压来决定工作模式的。

徒弟：原来是这样。

师傅：第三步分析输出整流滤波电路。先将这部分电路剥离开来，如下图所示。

徒弟：这个电路的工作过程是怎样的？

师傅：电路工作后，开关变压器12脚输出的脉冲电压经D901（孪生二极管）整流，C930、C906、C907、L901、C904滤波后输出+16V的直流电压。R901//R902//R903//R965与C901串联，再并联在D901上，起保护D901的作用。开关变压器10脚输出的脉冲电压经D903（也是孪生二极管）整流，C911、L902、C912滤波后输出+5.2V的直流电压。R914//R915//R964与C914串联，再并联在D903上，起保护D903的作用。

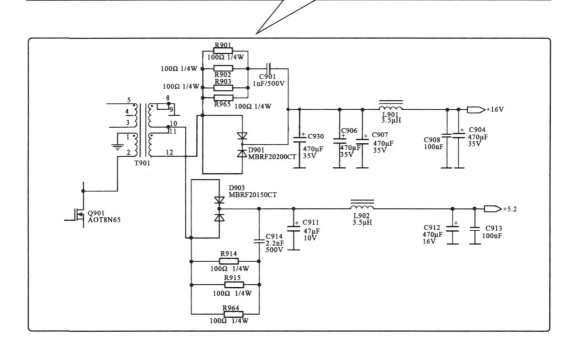

师傅：第四步分析稳压电路。为了便于分析，先将稳压电路剥离出来，如下图所示。该电源是通过调整开关脉冲的占空比来实现稳压控制的，稳压主取样点设在+5.2V输出端，由R924和R926对+5.2V电压进行取样；辅助取样点设在+16V输出端，由R923和R926对+16V电压进行取样。当由于某种原因（如电网电压上升、负载变轻等）引起+5.2V和+16V电压上升时，经R924、R926取样及R923、R926取样后，送至IC903控制引脚的电压也上升，使IC903导通加强，IC902中的发光二极管和光电三极管导通也增强，IC901的2脚电压下降，经IC901内部电路调节后，其5脚输出的脉冲宽度变窄（占空比减小），Q901饱和时间缩短，开关变压器初级储存的能量下降，向次级释放的能量也自然下降，各路输出电压也下降。当由于某种原因引起各路输出电压下降时，则稳压过程与上述相反。

徒弟：弄清了。

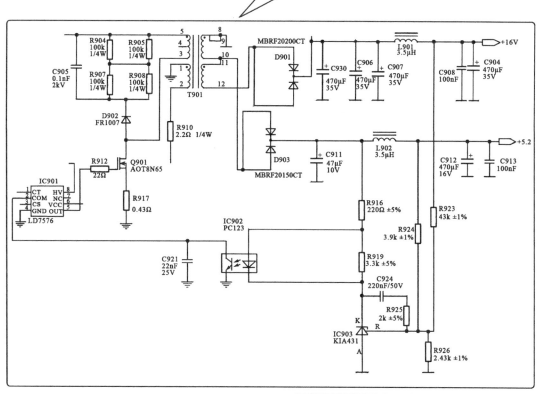

徒弟：师傅，上图中的IC903（KIA431）是稳压管还是晶闸管？

师傅：KIA431既不是稳压管，也不是晶闸管，而是一个三端比较器，其内部结构及外形如右图所示。R端电压越高，则内部三极管导通越强，因此用取样电压去控制R端，就能达到控制内部三极管导通程度的目的。

徒弟：原来是这样。

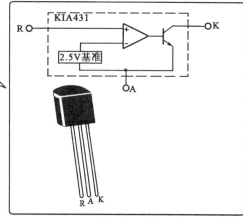

四、故障检修

师傅：这个电源有一个目击检测点和三个关键检测点，通过检测这些点能确定故障性质和缩小故障范围。

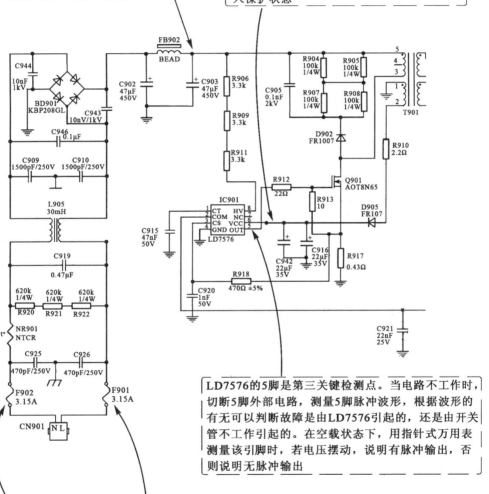

C903上的电压是第一关键检测点，通过检测此点电压可以判断故障部位。例如，当电源不工作时，若测得C903上的电压为0V，则说明故障在交流输入电路或整流电路上；若C903上有300V电压，则说明故障部位在C903之后的电路中

LD7576的6脚是第二关键检测点，当电源不工作时，通过测量该点电压可以缩小故障部位。例如，通电后，若6脚电压达不到16V，则说明电路不振荡是因启动电压过低引起的，故障部位一般在8脚及6脚的外部电路或内部电路。当6脚电压大幅度摆动时，说明电路进入保护状态

LD7576的5脚是第三关键检测点。当电路不工作时，切断5脚外部电路，测量5脚脉冲波形，根据波形的有无可以判断故障是由LD7576引起的，还是由开关管不工作引起的。在空载状态下，用指针式万用表测量该引脚时，若电压摆动，说明有脉冲输出，否则说明无脉冲输出

熔断器F901、F902是目击检测点，通过观察或测量熔断器是否熔断，可以判断故障的性质。当熔断器熔断时，说明电源中有短路故障存在，短路部位一般发生在整流桥堆（BD901），滤波电容C902、C903或开关管Q901中

（1）当出现电源各路输出电压均为0V、熔断器熔断故障时，说明电路中有严重的短路现象，应重点检查整流桥堆BD901、开关管Q901及300V滤波电容（C902和C903）是否击穿。若这些元件正常，应查交流输入电路中的高频滤波电容C919、C946是否击穿。

当熔断器熔断时，一定要检查NR901有无连带损坏。

当查出开关管Q901击穿时，一定要附带查一下R917是否烧断，因为当Q901击穿时，过大的电流很容易烧断R917。

（2）当电源各路输出电压均为0V，但熔断器未熔断时，可先测C903上的电压，若为0V，说明交流输入电路中有断路现象。

若C903上的电压正常，则查LD7576的6脚电压，若6脚电压为0V，则应查R906、R909、R911是否开路，以及6脚外部元件（C942、C916、D905）有无击穿现象。

若6脚电压低于16V，说明启动电压太低，应查6脚外部元件（C942、C916、D905）有无漏电现象，若无漏电现象，则说明LD7576损坏。若6脚电压在16V以上，则说明LD7576内部电路有问题。

若6脚电压波动，则说明保护电路动作，检修思路如下：

先让电源空载工作，若电源恢复正常，说明是过载保护，应查负载。

若在空载下，电源故障依旧，说明是过压保护或欠压保护，可先查R910和D905。因为这两个元件开路时，LD7576的6脚得不到补给供电，会引起欠压保护。若R910和D905正常，则应对稳压环路进行检查，在稳压环路中，易损元件是IC903和IC902。若稳压环路正常，应查D902和C905。

第13日 长虹LT32510电源(上)

一、电源结构框图

师傅：徒弟们，今天我们重点学习长虹LT32510电源，有关这个电源的电路图请参考书后的附录A，这里我们将从电源的框图入手，对各部分电路进行详细分析。

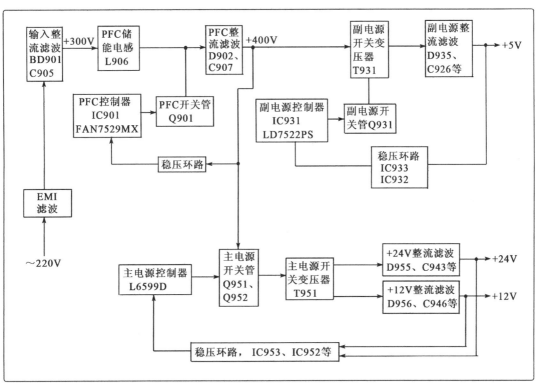

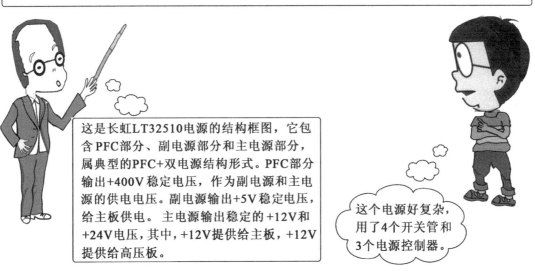

二、EMI滤波及输入整流滤波电路

师傅：这是EMI滤波及输入整流滤波电路，这部分电路的工作情况在液晶显示器电源中已有分析，这里不再赘述，请参考第8日的有关内容。

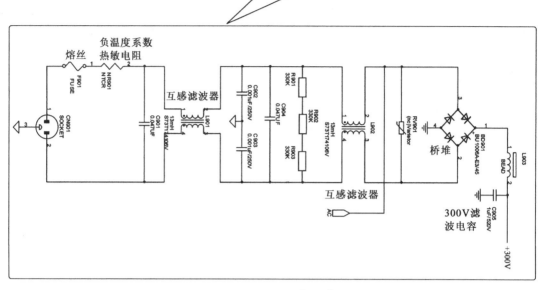

三、PFC电路

师傅：PFC电路由电源控制器FAN7529MX与开关管Q901构成，为了更好地理解PFC电路的工作过程，下面我们先来了解一下FAN7529MX的结构及功能。这是FAN7529MX的内部结构框图。

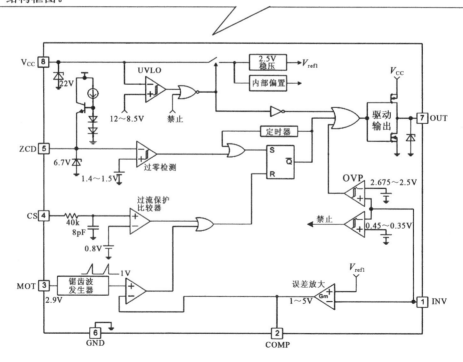

徒弟：师傅，FAN7529MX的功能是什么？它具有哪些特点？

师傅：FAN7529MX是仙童公司推出的电源控制器，其功能是产生开关脉冲，完成稳压控制和各种保护。具有八大特点：(1)较低的谐波失真；(2)精密可调输出；(3)过压保护(OVP)、反馈开路保护及禁止功能；(4)过零检测功能；(5)150μs内部启动时间；(6)MOSFET开关管过流检测及保护；(7)欠压锁存；(8)低启动电流(40μA)，低运行电流(1.5mA)。

徒弟：FAN7529MX的引脚功能是怎样的？

师傅：这是FAN7529MX的引脚功能。

引脚	符号	功　　能
1	INV	该引脚是误差放大器的反相输入端，PFC输出电压应被电阻分压至2.5V并送至该引脚。当该引脚电压高于2.675V时，电路进入过压保护状态
2	COMP	误差放大器的输出端，与地之间接补偿元件
3	MOT	该引脚用于设置锯齿波的斜率，该引脚电压为2.9V时，锯齿波斜率正比于该引脚流出的电流
4	CS	该引脚为过流保护检测端，当电压达到0.8V时，过流保护启动，开关管提前截止，过流保护延迟时间为350ns
5	ZCD	该引脚为零电流检测输入端，如果该引脚电压高于1.5V，后又低于1.4V时，MOSFET被打开
6	GND	接地（热地）
7	OUT	输出端，输出高电平为11V，低电平为1V；上升时间和下降时间均为50ns
8	Vcc	供电端，Vcc上升至12V时，电路启动；下降至8.5V时，电路停止

师傅：FAN7529MX还有两个姊妹芯片，分别是FAN7529M和FAN7529N，这些芯片的内部结构及引脚功能完全相同，主要区别体现在封装方面，即外形不同，详见下图。

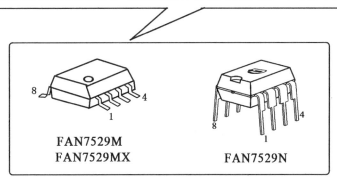

师傅：了解了FAN7529MX之后，我们再来分析PFC电路的工作过程，PFC电路如下图所示。
徒弟：师傅，这个电路的启动过程是怎样的？
师傅：接通电源开关后，市电经EMI滤波和输入整流滤波后，产生+300V左右的直流电压。该电压经L906加到MOSFET开关管Q901的漏极。另外，300V经L906、D902、FB904后提供给副电源，使副电源先工作。副电源工作后，就会输出一路VCC电压（约14V）送至IC901（FAN7529MX）的8脚，使IC901启动，IC901启动后，便从7脚输出开关脉冲，使Q901进入开关工作状态。在Q901饱和期间，L906初级感应左正右负的电压，同时L906储存能量；在Q901截止期间，L906初级感应右正左负的电压，该电压与300V电压叠加，并经D902对C907充电，C907上的电压提升到400V左右，这个400V电压便是PFC电路的输出电压，它提供给副电源和主电源，至此，主电源和副电源的供电电压就变成400V。

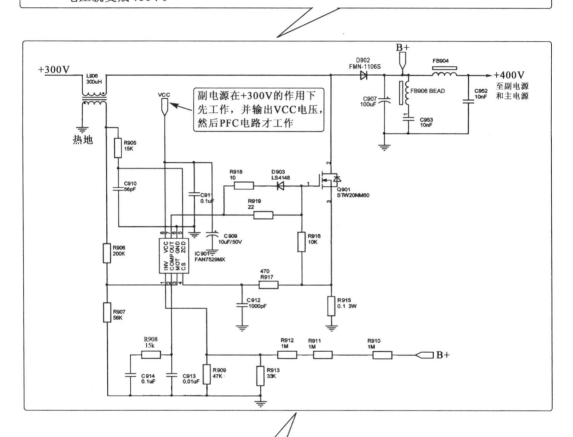

徒弟：这个电路的稳压过程是怎样的？
师傅：IC901的1脚直流电压由R910、R911、R912、R913、R909分压提供，1脚电压在IC901内部与一个2.5V电压进行比较，产生误差电压通过2脚外接RC网络进行滤波后控制锯齿波发生器对内置电容的充电速度，从而调整7脚脉冲的占空比。当PFC电路输出电压B+下降时，1脚取样电压就会减小，经内部电路调节后，7脚输出脉冲的占空比会增大，Q901饱和时间会变长，升压电感L906储能会增加，B+会上升。若PFC电路输出电压B+上升时，1脚取样电压也会上升，经内部电路调节后，7脚输出脉冲的占空比会减小，升压电感L906的储能会减少，B+下降。这样，在IC901的控制下，PFC电路输出电压总维持在400V不变。

徒弟：电路的保护过程是怎样的？
师傅：请参考下图中的文字解释就知道了。

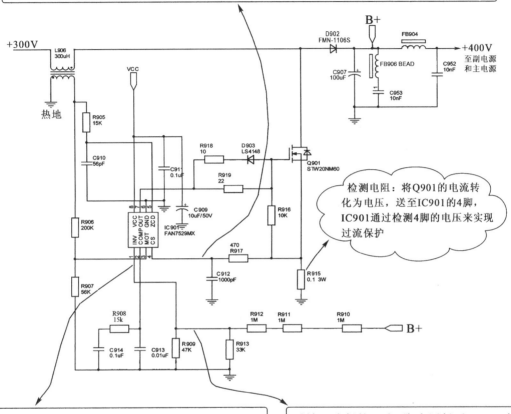

过流保护：当开关管Q901的电流达到8A以上时，IC901的4脚电压会上升至0.8V，此时内部过流保护电路动作，IC901提前输出低电平，Q901提前截止，以防Q901过流而击穿

检测电阻：将Q901的电流转化为电压，送至IC901的4脚，IC901通过检测4脚的电压来实现过流保护

过压保护：如果PFC电路输出电压过高，当超出425V时，分压提供给1脚的电压就会超出2.675V，此时IC901内部过压保护电路动作，立即关断IC901的输出，实现过压保护

反馈开路保护：当1脚电压低于0.45V时，说明IC901的1脚外部电阻R910、R911、R912有开路性故障存在，此时IC901会禁止脉冲输出，以实现反馈开路保护

四、副 电 源

师傅：副电源是由电源控制器LD7522与开关管Q931构成的，为了让大家更好地理解副电源的工作过程，我们先来了解一下LD7522的结构及功能。

师傅：LD7522是Leadtrend公司推出的智能绿色模式电源控制器，这是它的内部结构框图。它具有PMW脉冲输出功能、稳压控制功能及各种保护功能。

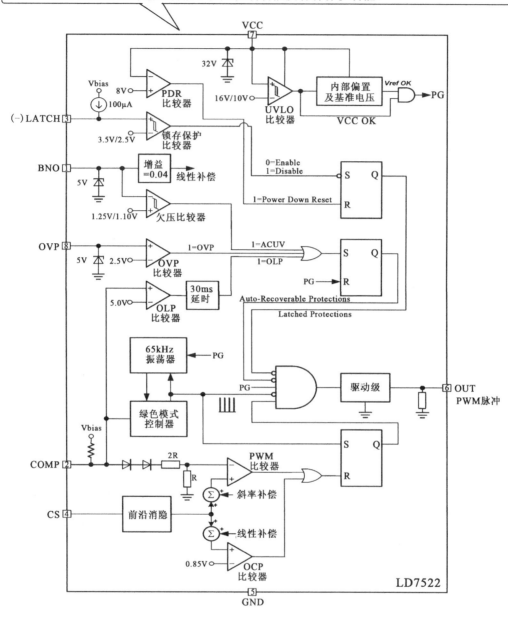

徒弟：LD7522具有哪些主要特点？
师傅：LD7522的主要特点有：(1) 采用高压CMOS工艺，具有优良的防静电特性；(2) 低启动电流(<35μA)；(3) 采用电流模式控制方式；(4) 具有无噪声绿色模式控制功能；(5) 具有UVLO（欠压锁定）功能；(6) 具有斜率补偿及可编程线性补偿能力；(7) 具有过压保护（OVP）、过流保护（OCP）、过载保护（OLP）、欠压保护能力；(8) 具有锁存/自动恢复保护模式；(9) 具有500mA的驱动能力；(10) 具有掉电复位功能(PDR)。

徒弟：师傅，LD7522的引脚功能是怎样的？
师傅：下表便是LD7522的引脚功能。

引脚	符号	功能
1	BNO	欠压保护引脚。当该引脚电压低于1.25V时，进入欠压保护状态，PWM脉冲关闭，但保护状态不会被锁存
2	COMP	电压反馈引脚。连接光电耦合器，实现稳压控制。当该引脚电压低于2.35V时，芯片进入绿色工作模式，振荡频率由65kHz变为20kHz。当该引脚电压达到5V时，进入过载保护（OLP）状态，PWM脉冲关闭，但保护状态不会被锁存
3	(-)LATCH	锁存状态控制引脚。当该引脚电压低于2.5V时，PWM脉冲关闭且状态被锁存，除非重新开机。若在此引脚与地之间接一个负温度系数热敏电阻，便可实现过热保护（OTP）功能
4	CS	电流检测引脚。连接到MOSFET开关管的源极，以检测开关管的电流。当该引脚电压达到0.85V时，过流保护（OCP）功能启动，开关管提前截止
5	GND	接地（热地）
6	OUT	PWM脉冲输出端，驱动外部开关管工作。脉冲高电平为9V，低电平为1V；脉冲上升时间为50ns，下降时间为30ns
7	VCC	供电端。该引脚上升至16V时，内部电路启动；低于10V时，欠压保护功能启动，PWM脉冲被关闭，并且状态被锁存。低于8V时，锁存状态才能被解除
8	OVP	过压保护端。当电压高于2.5V时，过压保护（OVP）功能启动，PWM脉冲被关闭，但状态不会被锁存

注：如果保护状态不能被锁存，则当保护条件不具备时，电路就会自行解除保护状态而重新工作。工作后，若保护条件又具备，则再一次进入保护状态，如此循环。也就是说，当电路进入保护状态时，电源会间歇工作，即所谓的"打嗝"，输出电压及LD7522的相关引脚电压会波动。

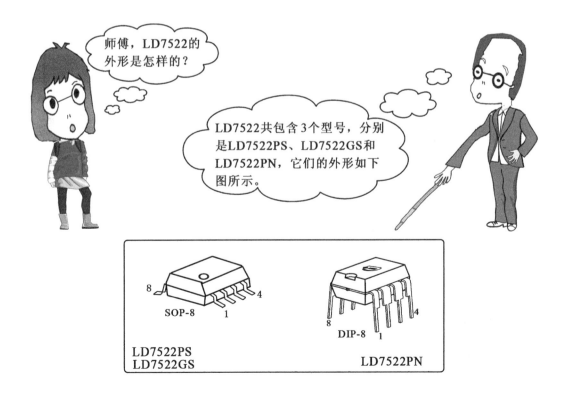

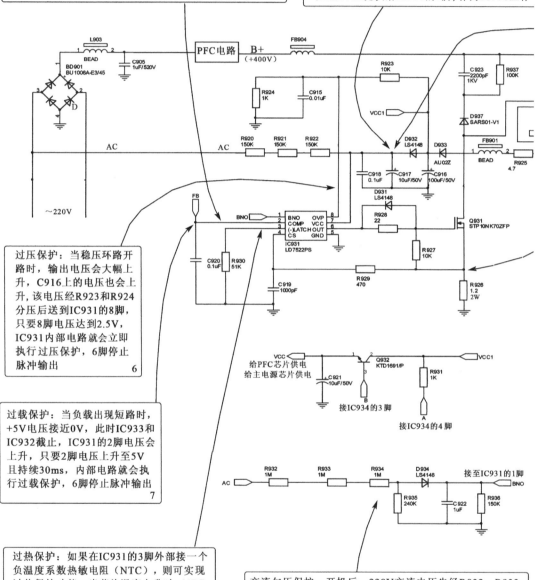

桥堆中的一个
当C917上的
路启动，并从
状态。电路工
R925限流、
16V），该电
后的供电电压

直流欠压保护：开机后，C917充电，若C917上的电压不能达到16V，则IC931不会工作，处于欠压保护状态。一旦电路工作后，IC931的7脚电压只需维持在10～16V之间即可，如果某种原因使得C917两端电压下降至10V以下，则IC931立即停止工作，6脚无脉冲输出，进入欠压保护状态 8

电路工作后，次级绕组输出的脉冲电压经D935（孪生二极管）整流，C926、L932、C928滤波后，产生+5V的直流电压输出给主板供电。R938～R941、C924、C925所构成的网络并联在D935上，起保护D935的作用 3

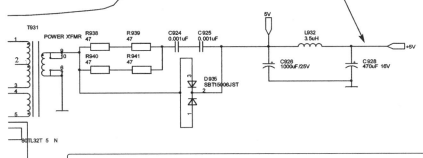

过流保护：当某种原因（如负载过重等）引起开关管Q931的电流增大时，R926上的电压必升高，该电压经R929送至IC931的4脚，只要4脚电压达到0.85V，并持续350ns时，内部过流保护电路动作，使6脚提前输出低电平，Q931提前截止，从而有效抑制电流的进一步上升，使Q931不至于过流而损坏 5

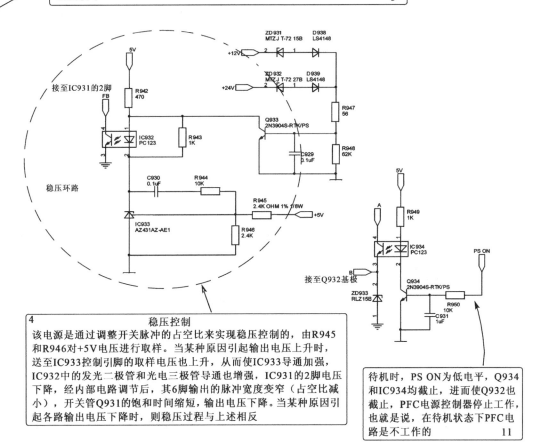

4　　稳压控制
该电源是通过调整开关脉冲的占空比来实现稳压控制的，由R945和R946对+5V电压进行取样。当某种原因引起输出电压上升时，送至IC933控制引脚的取样电压也上升，从而使IC933导通加强，IC932中的发光二极管和光电三极管导通也增强，IC931的2脚电压下降，经内部电路调节后，其6脚输出的脉冲宽度变窄（占空比减小），开关管Q931的饱和时间缩短，输出电压下降。当某种原因引起各路输出电压下降时，则稳压过程与上述相反

待机时，PS ON为低电平，Q934和IC934均截止，进而使Q932也截止，PFC电源控制器停止工作，也就是说，在待机状态下PFC电路是不工作的 11

第14日 长虹LT32510电源（下）

> 师傅：徒弟们，今天我们一起来学习主电源电路，主电源是由电源控制器L6599、两个开关管与一个LC谐振回路构成的，属谐振式电源，通过控制电源的工作频率来实现稳压控制。为了充分理解主电源的工作过程，我们先来了解一下谐振式电源的工作原理吧。

一、谐振式电源的基本原理

> 师傅：这是谐振式电源的基本结构框图，两个开关管构成半桥电路，分别称为半桥电路的上臂和下臂。振荡器产生的振荡脉冲由逻辑电路进行处理，形成两列相位相反的驱动脉冲，最终用来驱动两个开关管工作。由于两个开关管的驱动脉冲相位相反，故半桥电路属推挽工作方式，即两管交替导通。半桥电路输出的脉冲电压，送至LC谐振电路，使谐振电路进入工作状态。LC谐振电路工作后，L上会不断形成近似的正弦波电压，该电压经变压后从次级绕组输出，由全波整流电路进行整流，再经滤波后得到直流电压输出U_o。
>
> 徒弟：谐振式电源的输出端为何要采用全波整流，而不用半波整流？
>
> 师傅：因L采用推挽激励方式，为了确保两个开关管导通时的电流平衡性，次级绕组需采用全波整流方式。这一点是谐振式电源与以往单管开关电源所不同的地方，请务必引起注意。

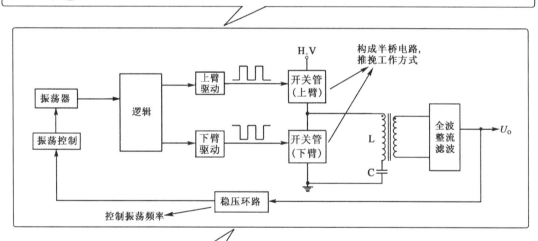

> 徒弟：师傅，谐振式电源是怎样实现稳压的？
>
> 师傅：L和C组成谐振电路，在半桥电路输出脉冲幅值不变的前提下，若脉冲频率越接近LC电路的固有振荡频率f_o，则L两端的电压幅值就越大，输出电压就越高（参考下图）；若脉冲频率越远离f_o，则L两端的电压幅值就越小，输出电压也就越低。因此，使用稳压环路控制振荡器的振荡频率，就可控制输出电压的大小。因电路的实际工作频率往往高于f_o，所以在此基础上，若降低电路的工作频率就会使输出电压升高，而提高电路的工作频率会使输出电压下降。

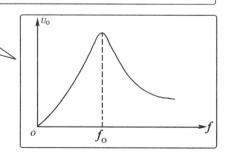

二、L6599介绍

师傅：L6599是ST公司推出的电源控制器，能完成开关脉冲（调频脉冲）的形成、稳压控制及各种保护等任务。这是L6599的内部结构框图，它从15脚和11脚输出两列相位相反的开关脉冲，分别驱动外部两个开关管工作。通过控制4脚对地的等效电阻就能控制压控振荡器的频率，进而稳定输出电压。

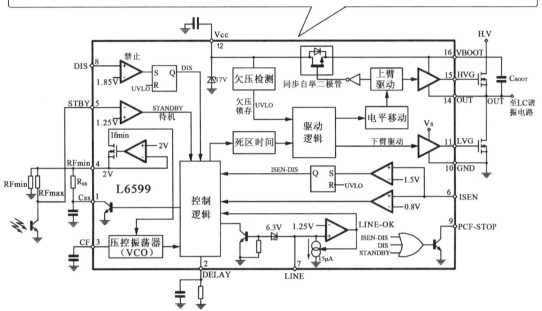

徒弟：L6599具有哪些特点？

师傅：主要特点有：（1）50%的脉冲占空比，脉冲频率控制方式，驱动外部半桥电路；（2）高精度振荡器，最高振荡频率可达500kHz；（3）两级过流保护（OCP），即频率移动和锁存关机；（4）带PFC控制器接口；（5）锁存禁止输入（8脚）；（6）轻载状态下采用间歇工作模式；（7）非线性软启动，能使输出电压单调上升至稳定值。

师傅：这是12脚的电压特性，当12脚达到10.7V时，电路启动。启动后，电路进入运行状态，此时，12脚的电压只需保持在8.85～16V即可。

师傅：这是12脚的电流特性，当12脚达到10.7V时，电路启动，12脚电流从0.2mA突变至3mA，电路进入运行状态。当12脚的电压下降至8.85V时，电路关闭，12脚的电流从近3mA突变至0.2mA。

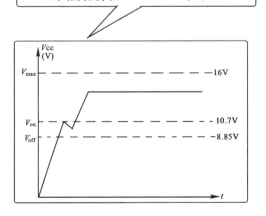

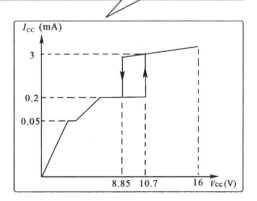

师傅：这是L6599的引脚功能。

引 脚	符 号	功 能
1	Css	软启动端。该引脚与地之间连接一个电容，与4脚之间接一个电阻，同时设置最高振荡频率和软启动时间常数。每次芯片关闭时（$V_{cc}<8.85V$，LINE<1.25V或>6V，DIS>1.85V，ISEN>1.5V，DELAY>3.5V），该电容经内部开关放电，以确保下次的软启动
2	DELAY	外接延时RC网络，设置过流保护的延迟时间。当该引脚电压高于3.5V时，芯片关闭，停止脉冲输出；而当该引脚电压低于0.3V时，电路就能重启。在短路状态下，芯片将间歇性地工作，具有非常低的功耗
3	CF	外接压控振荡器定时电容，与4脚外部电阻RFmin一起决定最小振荡频率；与RFmin//RFmax一起决定最大振荡频率
4	RFmin	振荡频率控制引脚。该引脚与地之间所接的电阻用来设定最小振荡频率。通过调节该引脚与地之间的等效电阻，就能调节振荡频率的高低。该引脚还提供一个精准的2V基准电压
5	STBY	待机模式控制端。当该引脚电压低于1.25V时，芯片进入待机模式，此时静态电流减小，功耗也减小
6	ISEN	电流检测端。用于检测LC谐振回路的电流。当该引脚电压高于0.8V时，芯片的工作频率会上升，越来越远离LC谐振回路的固有振荡频率，LC谐振回路的电流会下降。当该引脚电压高于1.5V时，芯片关闭，停止脉冲输出，同时状态被锁存
7	LINE	线路电压检测端。该引脚对电源的供电电压进行检测，低于1.25V时，芯片关闭，停止输出（未锁定）；高于6V时，芯片也会关闭。因此，该引脚电压必须设置在1.25～6V之间
8	DIS	锁存关闭端。内部连接一个比较器，当该引脚电压超过1.85V时，芯片关闭，停止脉冲输出且状态锁存。如果不使用这一功能，可将该引脚接地
9	PFC-STOP	PFC开/关控制端，在DIS>1.85V，ISEN>1.5V，LINE>6V和STBY<1.25V时，该引脚变为低电平，利用这个低电平可以关闭PFC电路。如果不使用该引脚功能，可将其悬空
10	GND	接地（热地）
11	LVG	下臂驱动脉冲输出，驱动半桥电路的下臂工作。输出脉冲的高电平为13.3V，低电平为1.5V。脉冲上升时间为60ns，下降时间为30ns
12	Vcc	供电端。启动电压为10.7V，启动后，只要该引脚电压保持在8.85～16V之间即可，该引脚电压下降至8.85V以下时，芯片进入欠压保护状态且状态会被锁存
13	NC	空脚
14	OUT	上臂栅极驱动浮动接地端
15	HVG	上臂驱动脉冲输出，驱动半桥电路的上臂工作。脉冲的特点同11脚，相位与11脚脉冲相反
16	VBOOT	上臂栅极驱动浮动供电端，与半桥输出端之间接升压电容

徒弟：师傅，L6599的外形是怎样的？
师傅：L6599共包含3个型号，即L6599N、L6599D和L6599TR，它们的外形如下。

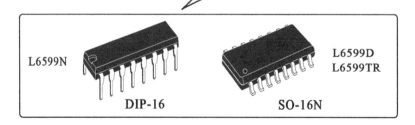

师傅：这个电路的振荡频率可按下式计算：

$$f = \frac{1}{3C_F \cdot R_{Fmin}//(R_{Fmax}+r_{ce})} \text{ (Hz)}$$

式中，r_{ce}表示光电三极管VT的内阻。

徒弟：现在我明白了，通过控制光电三极管的内阻就能控制振荡频率，进而稳定输出电压。

师傅：是的，在实际电路中，就是利用稳压环路控制光电三极管的内阻来实现稳压目的的。

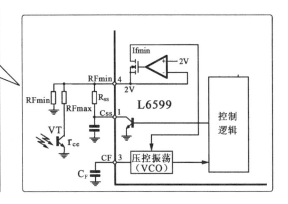

给开关脉冲设定一个死区时间，以保护半桥电路，并减小功耗。

这是L6599的相关波形。

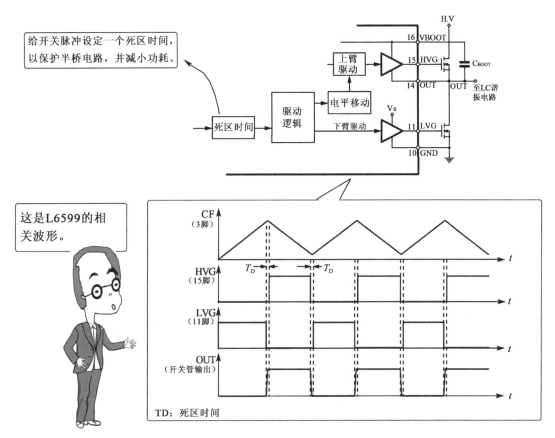

TD：死区时间

徒弟：师傅，请您解释一下死区时间吧。

师傅：在半桥电路中，上、下臂管子在同一时刻只能有一个导通，如果两个管子同时导通就会造成电源短路。由于功率开关管并非理想的开关元件，它有一定的开启时间t_{on}和关断时间t_{off}且多数管子的t_{off}大于t_{on}。这样就会出现一个管子导通后，另一个管子并未关断的现象，尽管这种现象所持续的时间很短（几纳秒至几十纳秒），但它势必造成短路，形成很大的电流，从而造成功率损耗，并且易损坏开关管。为了避免这种现象的产生，需给上、下两管在关断时设定一段死区时间。死区位于两管交替工作瞬间，在死区时间里，两管都处于截止状态。

徒弟：噢，原来是这样。

三、主电源分析

> 师傅：这是主电源的核心电路，开机后，副电源先工作，并输出一个V_{cc}电压，给L6599的12脚供电，只要V_{cc}高于10.7V，L6599就工作，内部压控振荡器产生振荡脉冲，该脉冲经内部电路处理后变成两列相位相反的开关脉冲，分别从15脚和11脚输出，并分别驱动半桥的上臂Q951和下臂Q952工作，使Q951和Q952进入推挽状态。半桥电路工作后，就会不断输出脉冲电压，送至由L和C941组成的谐振电路，使LC谐振电路进入工作状态。

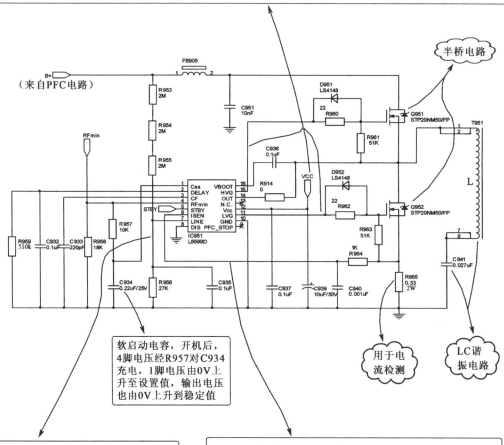

> 软启动电容，开机后，4脚电压经R957对C934充电，1脚电压由0V上升至设置值，输出电压也由0V上升到稳定值

> L6599的7脚用于检测线路电压，当B+电压过低时，该引脚电压会低于1.25V，芯片关闭，停止输出，但状态未锁存，只要B+电压恢复正常，芯片就会自动开启，重新工作

> L6599的6脚用于过流保护，由R965对输出回路中的电流进行检测，当输出回路中的电流高于2.5A时，L6599的6脚电压会超过0.8V，内部过流保护电路会启动，从而使振荡频率上升，越来越远离LC的固有谐振频率，输出回路中的电流就会下降。如果某种原因引起输出回路的电流太大，6脚电压会超过1.5V，从而使L6599进入锁存关闭状态，此时，15脚和11脚停止输出，半桥电路截止，并且这种状态不能自行解除，除非重新开机

师傅：这是主电源的输出整流滤波电路，当LC谐振电路工作后，L上会不断产生近似的正弦波电压，从而使次级绕组上也不断感应出近似的正弦波电压，其中，9～10绕组上的电压经孪生二极管D955进行全波整流，再由C943、L971、C944滤波后得到+24V的直流电压，给高压板供电。11/12～13/14绕组上的电压经孪生二极管D956进行全波整流，再由C946、L931、C947滤波后得到+12V的直流电压，给主板供电。

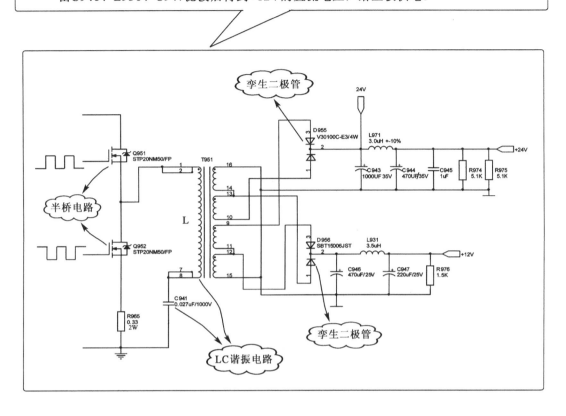

师傅：半桥电路由两个型号为STP20NM50/FP的场效应管构成，其外形及参数见下图。

师傅：D955为孪生二极管。所谓孪生二极管是指一个管壳内含有两个参数一样的二极管，D955的型号为V30100C-E3/W4，其外形及参数见下图。

师傅：D956为孪生二极管，型号为SBT15006JST，其外形及参数见下图。

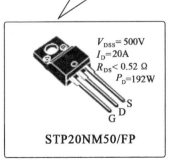

STP20NM50/FP

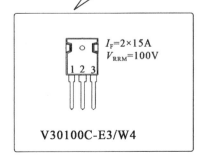

V30100C-E3/W4

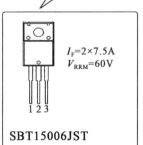

SBT15006JST

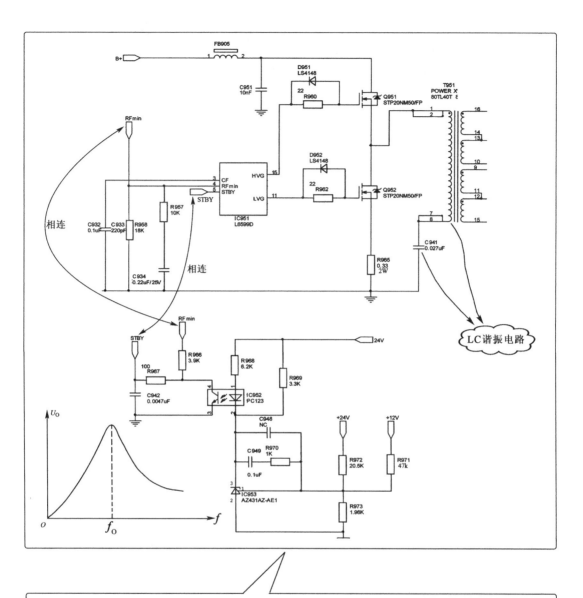

师傅：这是主电源的稳压电路，由于电路的实际工作频率高于LC电路的谐振频率，故降低电路的工作频率能使输出电压升高，而提高电路的工作频率能使输出电压下降。由R971和R973对+12V电压进行取样，由R972和R973对+24V电压进行取样。当由于某种原因引起+12V和+24V输出电压上升时，送至IC953控制引脚的取样电压也上升，从而使IC953导通加强，IC952中的发光二极管和光电三极管导通也增强，光电三极管的内阻下降，从而使电源控制器（L6599）的4脚对地等效电阻减小，振荡频率升高，最终使输出电压下降。若当由于某种原因引起+12V和+24V输出电压下降时，稳压过程与上述相反。

四、开机/待机控制

师傅：这是开机/待机控制电路，接通电源后，副电源先工作，输出+5V电压和VCC1电压。VCC1电压经Q932送至PFC电路和主电源；+5V电压送至主板，提供给CPU。CPU工作后，先使整机处于待机状态，主板输出的PS ON(开机／待机)信号为低电平，Q934处于截止状态，IC934也处于截止状态，Q932也跟着处于截止状态。VCC1无法经Q932送至PFC电路和主电源，PFC电路和主电源均不工作，处于待机状态。二次开机后，PS ON信号变为高电平，Q934饱和导通，IC934也导通，使ZD933工作，产生14V左右的电压提供给Q932的基极，使Q932工作，输出VCC电压(14V左右)使PCF电路和主电源进入正常工作状态。如果遥控关机，PS ON将再一次变为低电平，PFC电路和主电源又停止工作，处于待机状态。

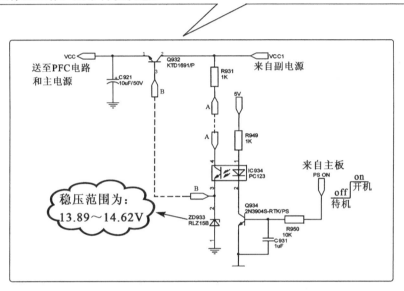

师傅：由以上的分析可知，液晶电视机的电源一般会输出多路电压，并且电压的输出存在一定的顺序。接通电源后，+5V电压先输出，使主板的CPU工作，主板和电源均进入待机状态，电源指示灯被点亮。二次开机后，CPU输出开机电压（一般为高电平），使主板和电源由待机转为正常工作，此时其他各路电压才会输出。

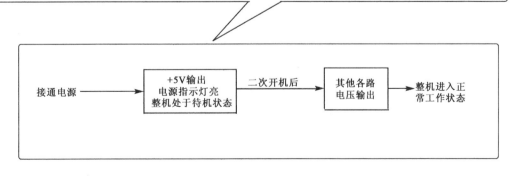

第15日 长虹LT32510电源故障检修

一、电源板故障的判定

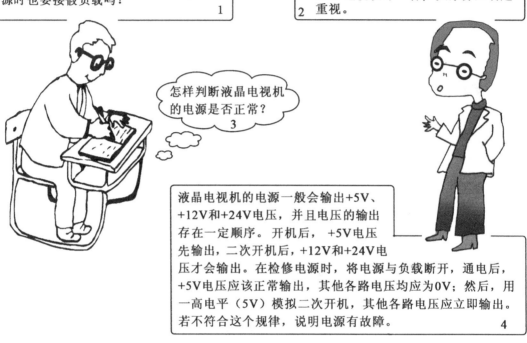

师傅，检修CRT电视机的开关电源时，通常需要接假负载，检修液晶电视机电源时也要接假负载吗？ 1

液晶电视机的电源是可以断开负载进行检修的，不必接假负载，这一点与CRT电视机不一样，大家务必引起重视。 2

怎样判断液晶电视机的电源是否正常？ 3

液晶电视机的电源一般会输出+5V、+12V和+24V电压，并且电压的输出存在一定顺序。开机后，+5V电压先输出，二次开机后，+12V和+24V电压才会输出。在检修电源时，将电源与负载断开，通电后，+5V电压应该正常输出，其他各路电压均应为0V；然后，用一高电平（5V）模拟二次开机，其他各路电压应立即输出。若不符合这个规律，说明电源有故障。 4

徒弟：怎样模拟二次开机呢？
师傅：只需将PS ON与+5V连接起来，即可模拟二次开机。

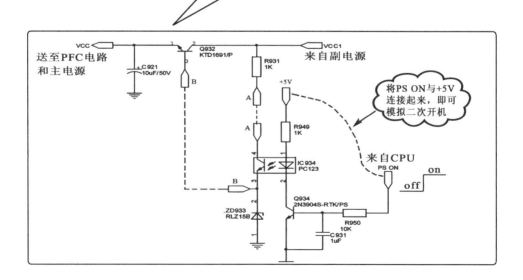

二、PFC电路的检修

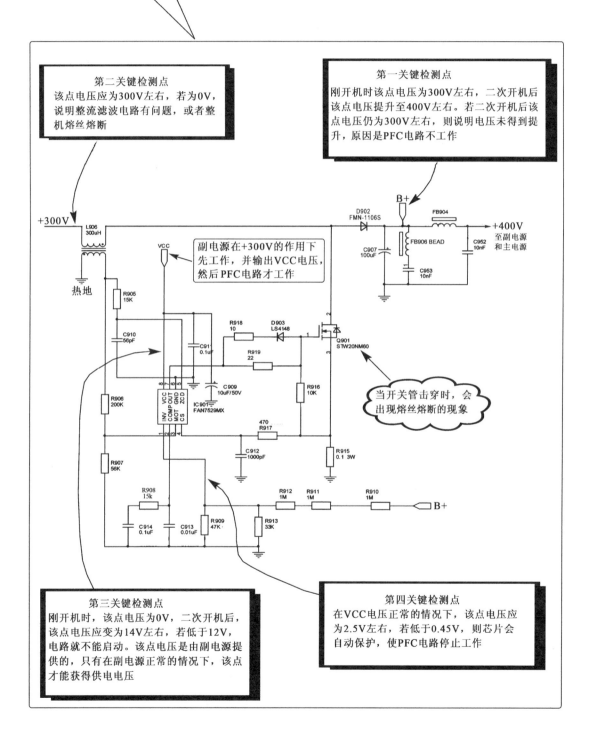

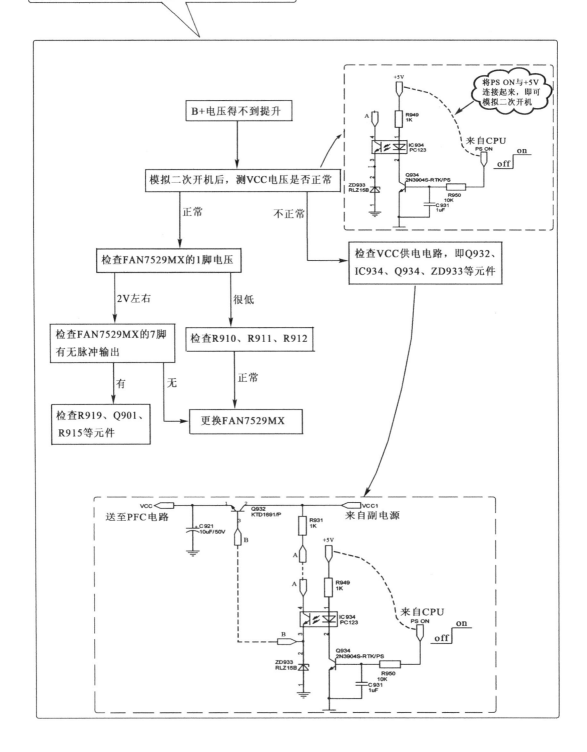

三、副电源的检修

徒弟：师傅，副电源有哪几个关键检测点？

师傅：副电源的关键检测点如下图所示。

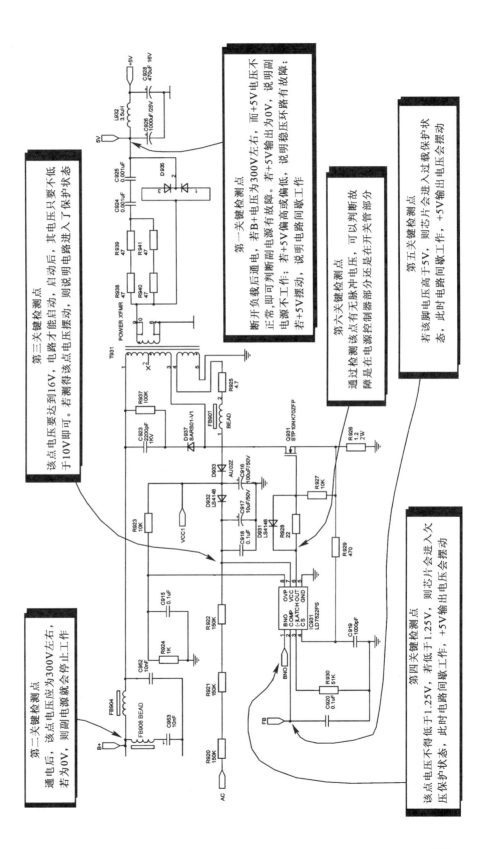

徒弟：师傅，副电源的常见故障现象有哪些？
师傅：有两种，一种是无+5V电压输出；另一种是+5V电压摆动。
徒弟：怎样检修这两种故障？
师傅：无+5V输出时，可按如下流程进行检修。

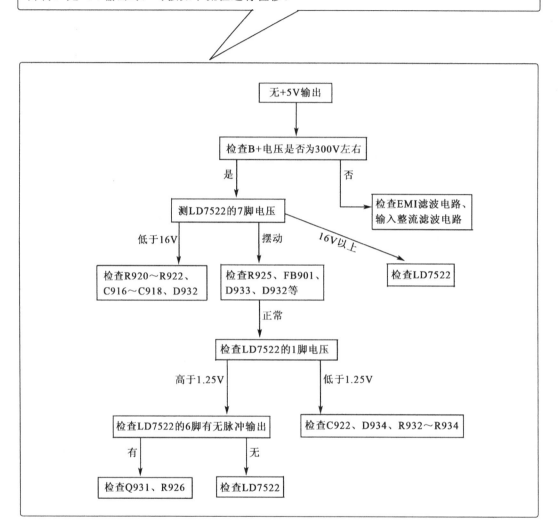

师傅：当出现+5V电压摆动时，说明电路进入保护状态，但状态未锁存。应着重检查如下几个方面。
（1）稳压环路。
（2）LD7522的1脚外部元件。
（3）LD7522的8脚外部元件。
（4）R925、D933、D932有无断路现象。

四、主电源的检修

徒弟：师傅，主电源有哪几个关键检测点？

师傅：主电源的关键检测点如下图所示。

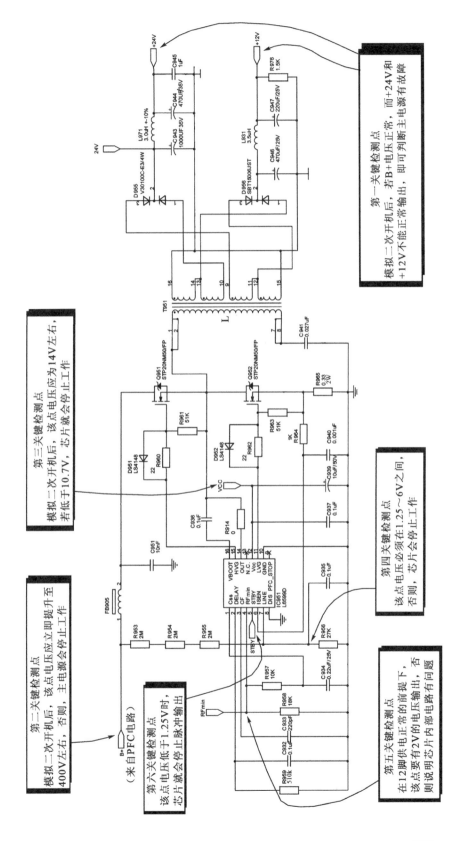

第一关键检测点
模拟二次开机后，若B+电压正常，而+24V和+12V不能正常输出，即可判断主电源有故障

第三关键检测点
模拟二次开机后，该点电压应为14V左右，若低于10.7V，芯片就会停止工作

第四关键检测点
该点电压必须在1.25～6V之间，否则，芯片会停止工作

第五关键检测点
在12脚供电正常的前提下，否则要有2V的电压输出，则说明芯片内部电路有问题

第二关键检测点
模拟二次开机后，该点电压应立即提升至400V左右，否则，主电源会停止工作

第六关键检测点
模拟二次开机后，该点电压低于1.25V时，芯片就会停止脉冲输出

· 123 ·

徒弟：主电源常见的故障现象有哪些？
师傅：主电源常见的故障现象是无+12V和+24V输出。
徒弟：怎样检修这种故障？
师傅：可按如下流程进行检修。

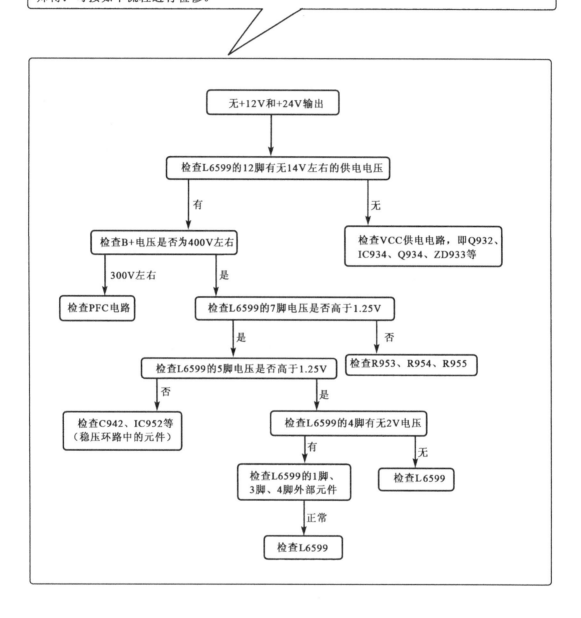

第16日 逆变器的基本原理

由于液晶本身不发光,所以液晶屏中需设背光源,背光源的核心部件是背光灯,驱动背光灯工作的电路叫背光电路。目前,液晶电视机有两种背光灯,一种是冷阴极荧光灯(CCFL),另一种是发光二极管(LED)。冷阴极荧光灯通常做成管状,是一种线光源;发光二极管通常做成点状(灯泡),是一种点光源。当液晶电视机采用CCFL时,就得用逆变器来点亮CCFL;当采用LED时,就得用LED驱动电路来点亮LED。从今天起,我们一起来学习逆变器的结构及工作情况,好吗?

好的,我们一定学好逆变器。

一、CCFL介绍

师傅:在学习逆变器之前,我先介绍一下CCFL。下图是CCFL的结构示意图,管内充有惰性气体(氖+氩)和水银蒸气,管的两端是电极(是一种无需加热就可发射电子的电极,常称冷阴极),管的内壁涂有白色荧光粉。当给灯管施加高压交流电时,管内气体被电离,产生紫外线。紫外线射到内壁涂敷的荧光粉上,使其受激发而发出可见光,即灯管被点亮。

徒弟:原来CCFL需采用高压交流电来驱动,才能被点亮。

师傅:CCFL有许多优点,如优良的白光源、成本低、效率高、寿命长、稳定、容易调节亮度、质量轻等。

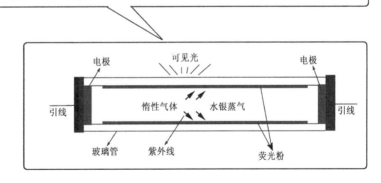

师傅:CCFL的直径有1.6mm、1.8mm和2mm三种,其中1.8mm的灯管发光效率最高。CCFL灯管有"棒"形管和"U"形管两种类型,如右图所示。

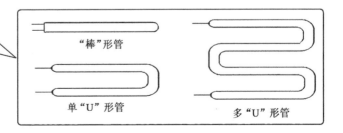

师傅：早期的液晶电视机采用CCFL做背光源，由于CCFL灯管需用交流供电，并且工作电压很高，为600～800V，启辉时的电压高达1500～1800V，工作电流为5～9mA，因而需在液晶电视机内部设置高效率的逆变器来将低压直流电转换为高压交流电，并提供给CCFL，使CCFL被点亮。

徒弟：师傅，是不是可以理解为逆变器必须输出1500V以上的电压，CCFL才能被点亮？

师傅：是的，液晶电视机中的逆变器除了能将直流电压转换为交流电压外，还应有两大特点：一是在开机后的瞬间能够产生1500V以上的高压交流电，然后迅速降至800V左右，这段时间持续1～2s；二是为了延长背光灯的寿命，逆变器输出的电流小于9mA，并且具有过流保护措施。

二、逆变器的结构

三、PWM脉冲调整控制器

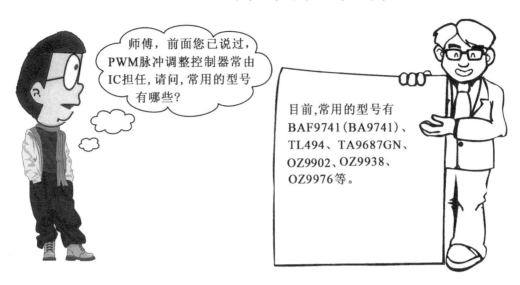

师傅,前面您已说过,PWM脉冲调整控制器常由IC担任,请问,常用的型号有哪些?

目前,常用的型号有BAF9741(BA9741)、TL494、TA9687GN、OZ9902、OZ9938、OZ9976等。

师傅:PWM脉冲调整控制器的引脚数量大多为16脚,有三种封装形式,瞧,就是这三种。

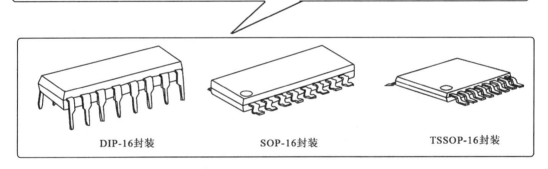

DIP-16封装　　　SOP-16封装　　　TSSOP-16封装

徒弟:PWM脉冲调整控制器的内部包含哪些电路?
师傅:这是PWM脉冲调整控制器的结构模型,可以看出其内部包含误差放大器、振荡器、调制器、逻辑控制及输出驱动器等。PWM脉冲调整控制器一般能输出两路PWM脉冲,应用时,可以只使用其中一路,也可以同时使用两路。芯片通电后,振荡器工作,产生三角波。三角波在调制器中被误差放大器调制,形成PWM脉冲,再经逻辑控制及输出驱动器后送到芯片外部。

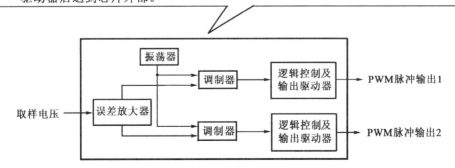

四、正弦波形成电路

师傅，正弦波形成电路的结构是怎样的？

逆变器中正弦波形成电路所产生的正弦波并非标准正弦波，而是近似正弦波。正弦波形成电路的结构形式有两种，一种叫自激式，另一种叫他激式。这两种电路在结构上存在一定差别，下面分别对它们进行介绍。

师傅：这是自激式正弦波形成电路，它利用PWM脉冲控制一个开关电源，由开关电源输出直流电压提供给LC振荡器，使LC振荡器工作，输出近似的正弦波电压。正弦波的幅值受PWM脉冲宽度控制，PWM脉冲宽度越宽，开关电源输出的电压就越高，LC振荡器的供电电压也越高，LC振荡器产生的正弦波幅值自然也就越高。

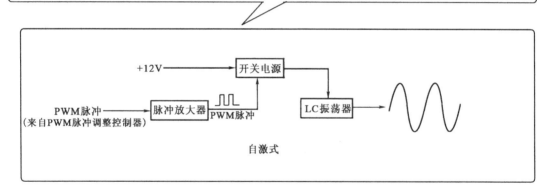

师傅：这是他激式正弦波形成电路，它利用PWM脉冲控制开关管，使开关管工作于开关状态，在开关管的输出端接有波形转换电路，它将开关脉冲转换为近似的正弦波电压。正弦波的幅值受PWM脉冲宽度控制，PWM脉冲宽度越宽，开关管饱和时间就越长，输出的开关脉冲幅值就越高，正弦波幅值也就越高。

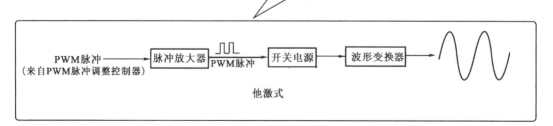

五、升 压 电 路

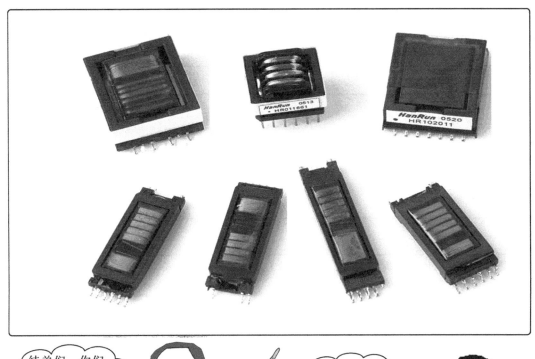

师傅：CCFL驱动变压器的作用是对正弦交流电压进行升压处理，获得CCFL所需的高压，并驱动CCFL工作。

徒弟：为什么不直接用正弦波形成电路所产生的正弦波电压来驱动CCFL？

师傅：前已述及，CCFL采用高压供电，启辉电压高达1500～1800V，工作电压达600～800V。而正弦波形成电路所产生的正弦波电压往往只有几十伏，无法满足CCFL的要求，根本不能点亮CCFL，所以必须进行升压处理，将低压正弦交流电升至CCFL所需的幅值。这一升压任务就是由CCFL驱动变压器完成的，现在你们明白了吗？

徒弟：现在完全明白了，谢谢师傅。

师傅：值得一提的是，CCFL驱动变压器的初级绕组属于正弦波形成电路的一部分，在逆变器中，常常利用初级绕组与电容构成LC调谐回路来形成正弦波（当然也可以用次级绕组与电容构成调谐回路来形成正弦波）。CCFL驱动变压器有3种常见的形式，其电路符号如下图所示。图（a）只有一个初级绕组，常用于他激式逆变器；图（b）有两个初级绕组且互相独立，也用于他激式逆变器；图（c）带有正反馈绕组，常用于自激式逆变器。

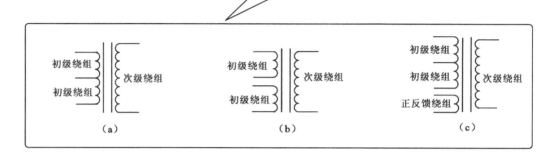

师傅：随着生产工艺的不断进步，近年来出现了许多超薄型贴片式CCFL驱动变压器，这里介绍几种，见下表。

型 号	BLC4115/BLC4115L	DHTP3237	KHLEEL19
外 形			
尺寸(长/宽/高)	26.2/15/6.7(mm)	37.5/34.5/9(mm)	37/21/10.15(mm)
输入电压	5～27V	12～100V	6～24V
输出电压	1500V(最大)	1700V(最大)	1800V
通电瞬间输出电压	2550V(最大) (2s内)	2828V(最大) (5s内)	3000V(最大) (2s内)
CCFL功率	6.5/5.5W(最大)	8W(最大)	14W(最大)
频率	40～100kHz	30～70kHz	40～200kHz
运行温度	−20～+85℃	−20～+85℃	−20～+85℃
用途	适用于15in以下的液晶屏	适用于20～24in的液晶屏	适用于26～40in的液晶屏

师傅：超薄型贴片式CCFL驱动变压器的出现，为逆变器进入液晶屏组件内部提供了条件。目前已经出现了带逆变器的液晶屏组件，使用这种液晶屏组件后，整机的电路结构变得更加简单了。

师傅：对于大多数CCFL驱动变压器来说，次级绕组的匝数是初级绕组匝数之和的40～60倍。

第17日 由OZ9938构成的逆变器

> 徒弟：由OZ9938构成的逆变器用于哪些液晶电视机中？
> 师傅：广泛用于24in以下的小屏幕液晶电视机中，如长虹LT1957、LT19510、LT22510等，也广泛用于液晶显示器中。

一、OZ9938介绍

OZ9938是O2公司生产的一款PWM脉冲调整控制器，能输出两路PWM脉冲，既可用于逆变器中，也可用于开关电源中。当用于液晶电视机的逆变器中时，能驱动2～6个CCFL。它和同类产品相比，具有高效率、高可靠性、高集成度、外部元件少等优点。

2 OZ9938在电路中能完成哪几项任务？

3 能完成PWM脉冲形成、PWM脉冲宽度控制及各种保护任务等。

师傅：这是OZ9938的封装方式。

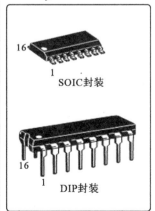

SOIC封装

DIP封装

徒弟：OZ9938具有哪些功能特点？
师傅：OZ9938具有如下一些功能特点：
（1）内置PWM脉冲发生器，通过外接场效应管扩展输出功率；
（2）内置灯管过压过流保护电路，优化了软启动功能，通过调整外接阻容元件可以设定启动和关机延迟时间；
（3）具有多种调光模式（内部脉宽调制、外部脉宽调制及模拟调光功能）；
（4）具有使能控制功能，可用于开机/待机控制；
（5）运行频率范围为20～150kHz；
（6）功耗小，电流小（运行电流为2.5mA，待机电流仅为5μA）。

师傅：这OZ9938的内部框图。

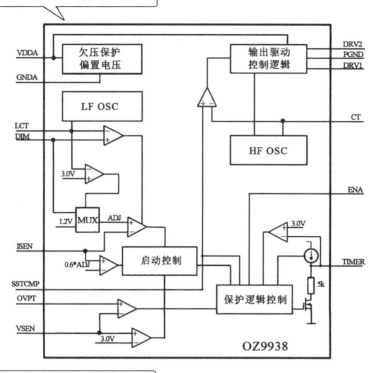

师傅：这是OZ9938的引脚功能。

引　脚	符　号	功　　能
1	DRV1	驱动输出端1
2	VDDA	供电端。该引脚电压超过4.5V时，芯片内部电路就可以正常启动
3	TIMER	定时器设定。该引脚通过外接的阻容元件设定一个定时时间，供内部停机和保护电路采用
4	DIM	亮度调节端（该引脚根据11脚的设定，可以输入PWM脉冲或直流电压来调节灯管亮度）
5	ISEN	灯管电流检测。灯管被点亮后，若该引脚电压为0，则保护电路动作，芯片停止输出
6	VSEN	电压检测。接收来自高频变压器的反馈电压，若该引脚电压超过3.0V，则芯片停止输出
7	OVPT	过流/过压保护值设定。通过该引脚外接的电阻分压网络可以设定过压和过流保护动作阈值
8	NC1	空脚
9	NC2	空脚
10	ENA	使能端。该引脚电压大于2V时，内部电路启动；小于1V时内部电路关闭
11	LCT	调光模式选择。当该引脚电压大于3V时，处于模拟调光模式，由4脚输入直流电压进行调光；当该引脚电压在0.5～1V之间时，处于外部PWM调光模式，由4脚输入PWM脉冲进行调光；当该引脚外接阻容定时电路时，处于内部PWM调光模式，只需改变4脚输入的直流电压就可以改变内部调光PWM脉冲的占空比（4脚电压越小，占空比越小，灯管越暗）
12	SSTCMP	软启动时间设定和环路补偿。在启动时，外部电容被充电至正常值，输出脉冲宽度逐步上升至正常值
13	CT	外接RC定时元件，设定运行频率和启动频率
14	GNDA	接地（模拟地端）
15	DRV2	驱动输出端2
16	PGND	接地（末级驱动输出级接地）

二、逆变器电路结构

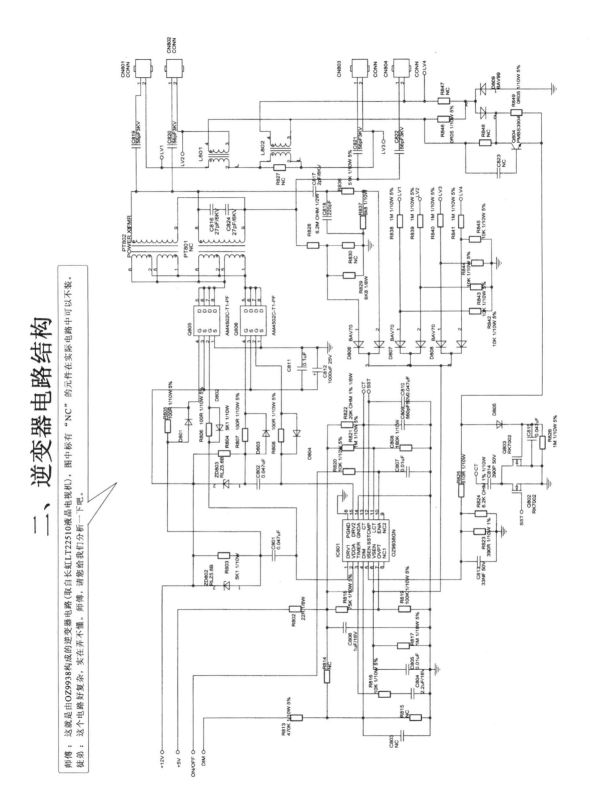

三、逆变器电路分析

1. 背光开/关控制

待机时，开/关控制电压为低电平，IC801的使能端（10脚）也为低电平，内部电路停止工作，无PWM脉冲输出，背光灯处于熄灭状态。正常工作时，开/关控制电压为高电平，IC801的使能端也为高电平，芯片工作，有PWM脉冲输出，最终点亮背光灯

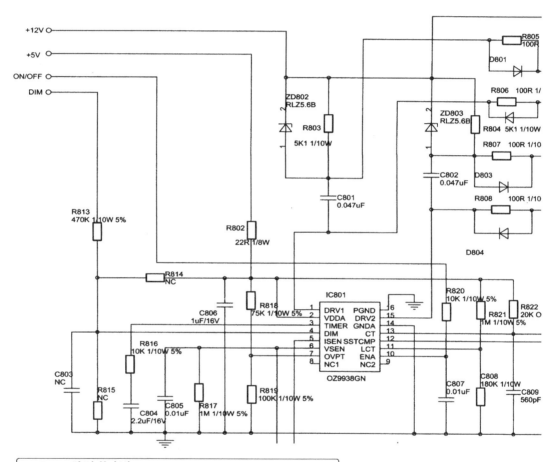

3. PWM脉冲的产生

IC801的2脚获得+5V供电，并且10脚获得高电平后，其内部立即建立起偏置电压，此时内部振荡器开始工作，振荡频率由13脚外接的RC决定，约为85kHz。振荡脉冲经内部电路转换为PWM脉冲，PWM脉冲经内部电路处理后从1脚和15脚输出（两列PWM脉冲相位相反）

2. 背光亮度控制

因IC801的11脚电压为0.7V，故芯片处于外部PWM调光模式，DIM电压（PWM脉冲）从4脚输入，当PWM脉冲宽度变化时，输出的高压也会跟着变化，背光亮度也跟着变化

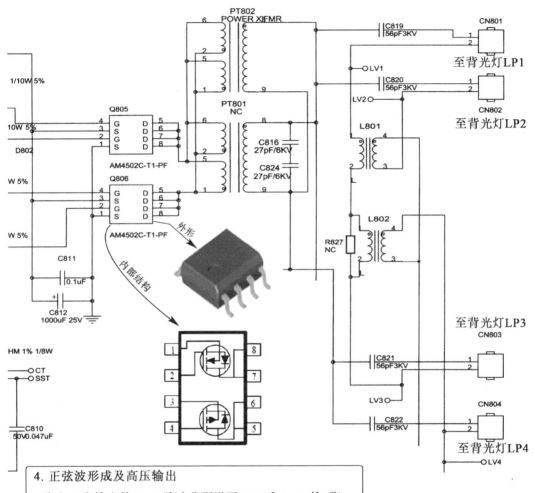

4. 正弦波形成及高压输出

1脚和15脚输出的PWM脉冲分别送至Q805和Q806的2脚，用来激励Q805和Q806内部的NMOS管（上臂），另一方面 1和15脚输出的PWM脉冲还要分别送至Q805和Q806的4脚，用来激励Q805和Q806内部的PMOS管（下臂）。在PWM脉冲的激励下，Q805与Q806处于桥式工作状态，输出的脉冲驱动PT802的两个初级，在初级上产生矩形脉冲电压，该电压经次级绕组升压后变成高压。由于次级绕组上并联有电容C816和C824，它们与次级绕组产生谐振，从而使矩形脉冲电压被转化为近似的正弦波电压送至背光灯，将灯管点亮。背光灯LP1和LP3分别经接插件CN801和CN803与逆变器相连，属串联方式；背光灯LP2和LP4分别经接插件CN802和CN804与逆变器相连，也属串联方式

5. 软启动

IC801的12脚外接软启动电容C810,开机后,内部电路对该电容进行充电,电容两端的电压逐步上升,输出的脉冲宽度也逐步变宽。充电完成后,输出脉冲的宽度才达到稳定值,这样就避免了对CCFL等元件的冲击。这个过程称为软启动。同时12脚还参与环路保护功能,当灯管开路或损坏时,该引脚电压会上升,当达到2.5V时,内部偏置电流对3脚定时器电容进行充电,充到3V时,芯片停止脉冲输出(注意这个电压只在保护电路动作瞬间出现)

7. 过流保护

通过检测灯管LP2和LP4的电流来判断有无过流现象。当流过LP2和LP4的电流过大时,A点电压幅值会升高,经D809整流、C813滤波后,使5脚电压升高,只要5脚电压超过1.18V,芯片则立即停止脉冲输出,从而实现过流保护。另外在灯管被点亮时,5脚电压应大于0.7V,如果5脚电压在电路启动后为0V,则保护电路也会动作

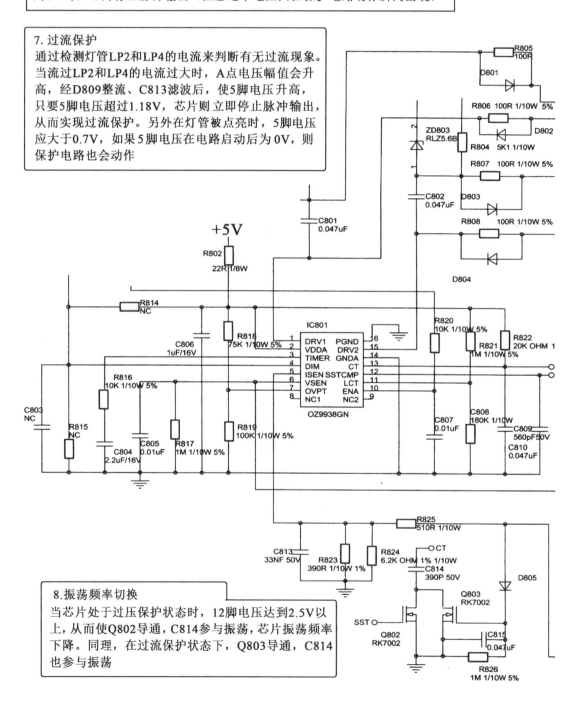

8. 振荡频率切换

当芯片处于过压保护状态时,12脚电压达到2.5V以上,从而使Q802导通,C814参与振荡,芯片振荡频率下降。同理,在过流保护状态下,Q803导通,C814也参与振荡

6. 过压保护

芯片的过压保护点为2.85V，由7脚外围电阻设定。当PT802输出的高压过高时，经D806整流、C805滤波后，必使6脚电压升高，只要6脚电压超过2.85V，内部过压保护电路就会动作，芯片停止脉冲输出。另外，无论哪个灯管损坏或断路，对应的检测电压，即LV1、LV2、LV3、LV4也会上升，这些电压经整流、滤波后，使6脚电压超过2.85V，芯片进入保护状态

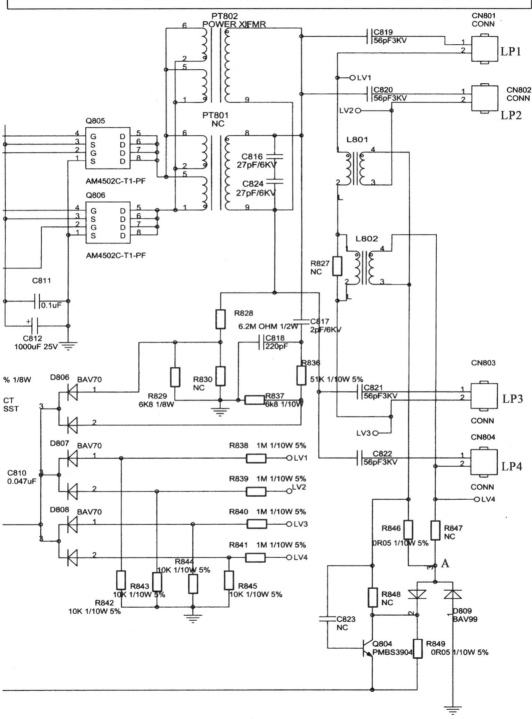

四、逆变器的检修

师傅：这是电路的关键检测点，通过检测这些点的电压和波形，可以缩小故障范围，并最终找到故障点。

第一关键检测点
用示波器分别测1脚和15脚的波形，应有 $5V_{P-P}$ 的脉冲电压。该波形可作为判断故障部位的一个依据，当波形正常时，说明OZ9938工作正常；当无波形时，说明OZ9938工作不正常，未能输出两列PWM脉冲

第二关键检测点
2脚要有5V供电电压，只有在供电正常的情况下，芯片才能工作。10脚要有高电平（大于2V），只有在10脚电压大于2V时，内部偏置电压才能建立，芯片才能工作，否则芯片会停止工作

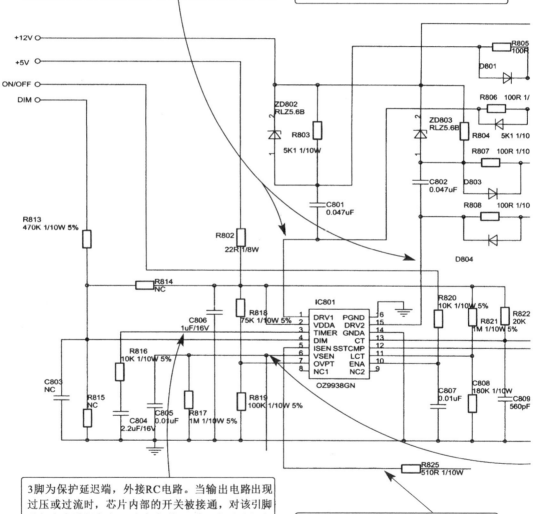

3脚为保护延迟端，外接RC电路。当输出电路出现过压或过流时，芯片内部的开关被接通，对该引脚外部电容进行充电，当充电到3V时，芯片内部保护功能启动，芯片停止驱动脉冲输出。改变电容的大小可以改变芯片的保护速度。电容越大，保护速度越慢；电容越小，保护速度越快，一般设计保护时间在0.5～1s。如果把3脚对地短接，那么保护功能就会被强行去掉

第五关键检测点
当5脚电压过高或为0V时，都会引起过流保护。在检修时，为了判断电路是否过流保护，可以将R825拆除，若保护解除，则说明电路确实过流保护

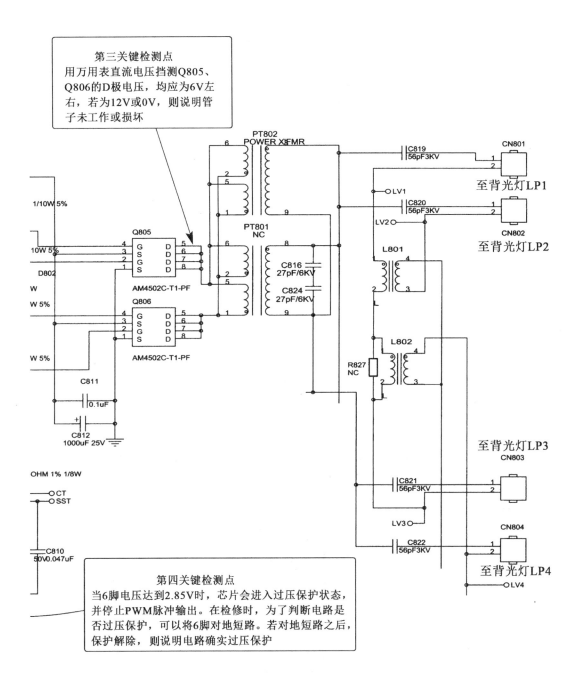

师傅：这种逆变器的常见故障是背光灯不亮，基检修流程如下。

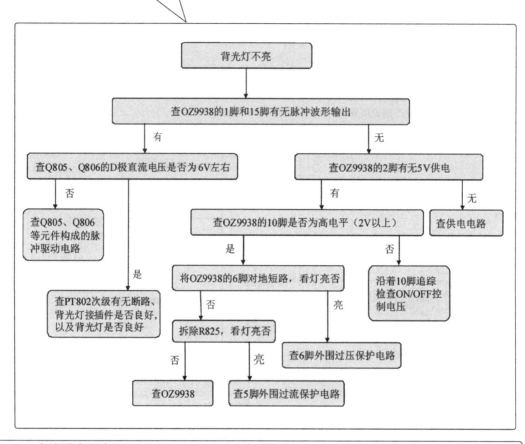

师傅：在该逆变器中，D806、D807、D808的型号为BAV70，D809的型号为BAV99，Q805和Q806的型号为AM4502C。这三种元器件都比较特殊，一旦损坏，很难找到原型号，此时，可按下图所给的参数及连接方式选择分立元器件来替换。

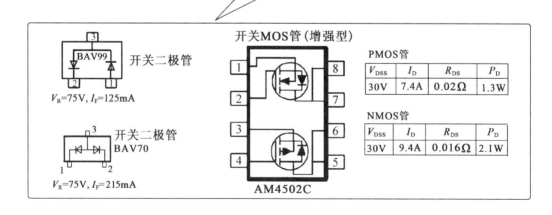

第18日 LED背光灯驱动电路

一、LED简介

LED即发光二极管,这是LED示意图,LED的核心部分是LED晶片。

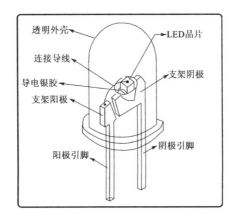

透明外壳、LED晶片、连接导线、支架阴极、导电银胶、支架阳极、阳极引脚、阴极引脚

LED的结构是这样的,好像并不复杂。

LED晶片由P型半导体和N型半导体组成,当在PN结的两端加正偏电压时,PN结势垒降低,大量电子从N区注入P区,并与P区向N区扩散的空穴不断复合。复合的过程是电子从高能级跌落到低能级的过程,以光辐射的形式释放能量而发光。由于空穴的扩散速度远小于电子的扩散速度,故发光主要集中在P区。

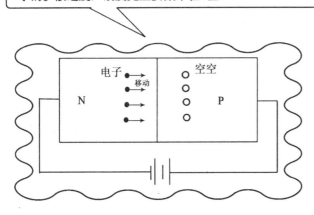

师傅:液晶屏可以采用白色LED,也可采用三基色LED,为了节省成本,目前LED液晶屏大多采用白色LED且形状也不是球顶形的,而是扁平状的长方体,这有利于降低液晶屏的厚度。值得一提的是,这种扁平状LED不仅广泛用作背光灯,而且用于生活照明,目前,许多照明灯采用这种LED。

徒弟:应用还真广泛,我得好好学学。

师傅,近年来,为什么LED应用如此广泛?难道它比CCFL更好吗?

与CCFL背光灯相比,LED背光灯具有如下一些优点:
(1) LED背光灯具有更强的抗冲撞性;
(2) LED背光灯无水银蒸汽和紫外线辐射,很环保;
(3) LED背光灯质量轻、厚度薄,可以使液晶屏轻型化和超薄化;
(4) LED背光灯所发出的光具有更宽的色域,能显示更为逼真的颜色,可以提升画质;
(5) LED背光灯寿命更长,平均寿命可达10万小时,而CCFL背光灯只有3万小时。

师傅:LED背光灯虽然具有以上一些优点,但也有不足之处,那就是LED背光灯的成本比CCFL背光灯高,故LED液晶屏的成本较高,售价较贵,这也正是LED背光灯不能完全取代CCFL背光灯的缘故。
徒弟:原来是这样。

师傅,据我所知,一个LED所发出的光并不很强,它怎能满足液晶屏的照明要求呢?

是的,单个LED无法满足液晶屏的照明要求,故在实际使用时,常将多个LED焊在一个金属条上,通过串联(或先串后并)的方式将它们连接起来,形成LED灯条,再用LED灯条来做背光灯且液晶屏内所用的LED灯条也不止一条,而是多条。从总数来看,屏越大,LED的数量就越多。LED的工作电压取决于其结构材料和发光功率,一般为3V左右。这是LED灯条的形状及其连接情况。

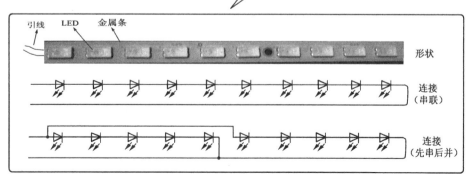

二、LED驱动电路模型

1. 徒弟们，前面已经讲过，CCFL采用高压交流电进行驱动。你们想想看，LED是否也要采用高压交流电进行驱动？

2. LED是发光二极管，只有加正向电压，它才会导通发光，若加反向电压，它会截止（不发光），所以应采用直流电压进行驱动。

3. 是的，我也认为应采用直流电压进行驱动。至于电压有多高，我不知道。

4. 你们回答得正确，LED背光灯确实采用直流电压进行驱动，至于电压是多少，取决于LED的数量及连接方式。由于LED背光灯实际上是由多个LED串联的灯条，虽然单个LED的工作电压不高，但串联后所需的工作电压高达几十伏，甚至上百伏。

5. 由于LED灯条所需的工作电压高达几十伏，甚至上百伏，而液晶电视机的电源电路输出的最高电压一般只有12～24V，不能满足灯条的供电要求，因此需要将较低的直流电压转化为较高的直流电压，从而决定了LED驱动电路是一个DC/DC升压电路（DC/DC是直流/直流转化的意思）。

师傅：LED背光灯驱动电路必须具备如下三项功能：
（1）在12～24V供电的情况下，能输出更高的直流电压（常为30～100V）；
（2）LED的亮度要能调节，以满足不同用户的要求；
（3）要具备开/关功能，以便在待机状态下能够关闭LED，以节省电能。
以上三项功能决定了LED驱动电路的模型是这样的。

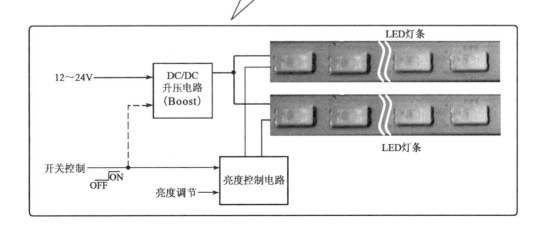

三、LED驱动电路的结构

1. 结构框图

这是LED驱动电路的结构框图，它由升压电路和亮度控制电路构成。升压电路的主要任务是将输入的12～24V直流电压提升至30～100V直流电压。亮度控制电路的主要任务是控制和稳定LED背光灯的亮度。LED驱动电路也要受背光开/关电压（即ON/OFF电压）的控制，以便在待机时关闭LED驱动电路，以减小功耗。控制方式有两种，一种是只控制亮度控制电路；另一种是同时控制升压电路和亮度控制电路。液晶屏中一般布有若干个LED灯条（依次用LED1，LED2，…，LEDn来表示），LED驱动电路与LED灯条之间通过接插件CN相连。显然，LED灯条越多，连接线也就越多。

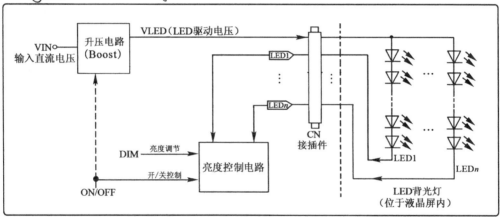

1. 师傅，从结构框图上看，LED驱动电路似乎比CCFL驱动电路（即逆变器）简单。

2. 确实要简单一些，你们知道这是为什么吗？

3. 不知道。

4. 这是因为LED采用直流电压进行驱动，只要设置一个简单的升压电路就能获得所需的直流电压。而CCFL采用高压交流电压进行驱动且交流电压必须是正弦波，所以电路中除了设置直流/交流变换电路外，还要设置高压变换电路和正弦波变换电路，故电路结构很复杂。

2. 升压电路（Boost）的工作原理

师傅，升压电路的结构是怎样的？

升压电路是一个DC/DC电路，其结构框图如下所示，其主要任务是将输入的直流电压VIN（一般为12～24V）提升至更高的直流电压VLED（一般为30～100V）。

由图可以看出，升压电路是以电源控制器（或称电源控制芯片）、开关管、储能电感为核心构成的。它具有三大特点：
（1）开关管与负载（LED背光灯）呈并联关系，属并联型开关电源。
（2）输出电压比输入电压高，属升压型电源。
（3）一旦开关管停止工作，VIN就会变成输出电压。

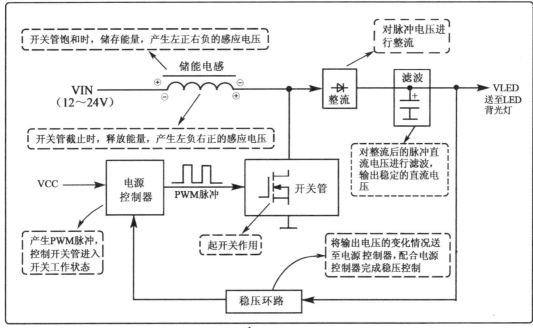

徒弟：师傅，这个电路的工作过程是怎样的？
师傅：电源控制器输出PWM脉冲使开关管处于开关工作状态，在开关管饱和期间，VIN电压经开关管对储能电感充电，流过储能电感的电流近似线性上升，储能电感储存能量。在开关管截止期间，储能电感感应右正左负的电压，该电压与VIN供电电压叠加后，再经整流滤波，获得VLED电压，用来驱动LED背光灯。为了确保VLED电压稳定，电路中一般设有稳压环路，稳压环路的工作过程同普通开关电源。
徒弟：明白了。

3. 亮度控制原理

> 徒弟：师傅，再给我们讲讲亮度控制电路吧。
> 师傅：好的，亮度控制电路的主要任务是控制LED背光灯的亮度。亮度控制方式有三种，第一种是恒流控制，第二种是脉宽控制，第三种是智能控制。下面我分别讲这三种控制方式。

> 师傅：恒流控制方式用恒流源来控制流过LED的电流，只要改变恒流电流，就能改变LED亮度。恒流控制方式的最大优点是既能调节亮度，又能稳定亮度。瞧，这就是恒流控制方式电路图，VT1与VT2，…，VTn构成恒流源，假设它们发射极所接的电阻阻值均为R，VT1的供电电压为U_{REF}，则流过每个LED背光灯的最大电流（即不考虑VT4的情况下）为
>
> $$I = \frac{U_{REF} - 0.7}{R_1 + R} \quad (R_1 代表R1的阻值)$$
>
> 显然，I是一个恒定值，与LED的驱动电压VLED无关。VT4用于亮度调节，其基极加有亮度调节电压DIM，若DIM由0开始不断增高，则VT4由截止开始导通且导通程度越来越大，从而使其集电极电压越来越低，流过LED背光灯的电流越来越小，亮度逐步变暗。反之，若DIM电压由高逐步变低，则亮度逐步上升。

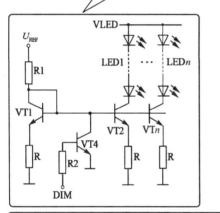

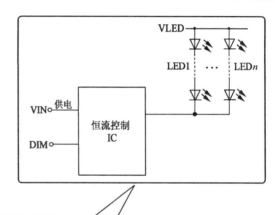

> 师傅：目前，市面上有许多恒流控制IC（它实质上是将恒流源集成到IC内部），如果用恒流控制IC来构成亮度控制电路，则电路结构变得更加简单。

> 师傅：这是脉宽控制方式电路图，它由控制器IC输出PWM脉冲来控制场效应开关管VT的导通时间，进而达到控制LED亮度的目的。例如，当调节亮度时，DIM电压会变化，从而使IC输出的PWM脉冲宽度发生变化，VT的导通比（导通时间与截止时间的比值）会发生变化，若导通比增大，则LED发光时间增长，熄灭时间缩短，从而使人眼感觉亮度增大。反之，若VT的导通比减小，则亮度也减小。

> 徒弟：VT工作在开关状态，难道不会引起LED闪烁吗？
> 师傅：这个问题问得好，按理说LED会闪烁，但由于PWM脉冲的频率较高，所以人眼感觉不到闪烁。

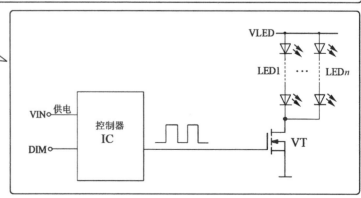

师傅：智能控制方式是近几年出现的，常用于3D液晶屏。采用这种方式时，每一个LED灯条负责屏幕一个区域的亮度，通过对图像亮度的分析得到控制指令，用来控制各灯条的亮度，使得对应于画面高亮度区的背光灯亮度强，对应于画面低亮度区的背光灯亮度低，而对应于画面黑区的背光灯则不亮。这样既能满足背光照明要求，又能减小功耗。这是智能控制方式原理图。

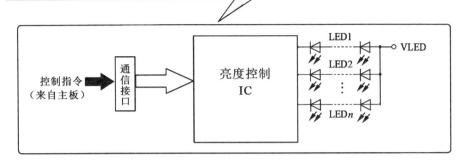

徒弟：师傅，以上三种亮度控制方式各自有何优缺点？
师傅：恒流控制方式和脉宽控制方式具有电路简单、成本低的优点，但功耗较大，当控制电路为IC时，一个IC只能控制1～4路LED灯条，否则，总功耗将严重威胁IC的安全。智能控制方式却不同，它的最大优点是功耗小，适应集成化，一个IC可以控制4路以上的灯条，缺点是电路结构比较复杂，成本较高。
徒弟：为什么采用恒流控制方式和脉宽控制方式的IC不适合控制4路以上的灯条，而采用智能控制方式的IC却可以？
师傅：为了说明这个问题，不妨举个例子，假设有两路灯条LED1和LED2分别接在亮度控制IC上，采用脉宽控制方式，LED1流过40mA的平均电流时，在灯条上的压降为35V，加上芯片内部调光MOS管与采样电阻的最低压降0.5V，这一路所需要的电压为35.5V。由于生产工艺的误差，LED2在流过40mA的平均电流时，在灯条上的压降只有33V，加上芯片内部调光MOS管与采样电阻的最低压降0.5V，这一路所需的电压为33.5V。为了同时满足两路LED对供电的要求，Boost的输出电压最小应为35.5V。这样，在LED2这一路导通时，损耗在芯片内部的电压就达到2.5V，功耗为

$$P_S = 2.5V \times 40mA = 100mW$$

若IC控制多路LED，则总功耗一定不小，从而使芯片发热严重，甚至损坏。若为恒流控制方式，则功耗更大，所以采用恒流控制方式和脉宽控制方式的IC都不适合控制太多的灯条。

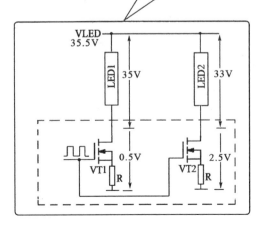

原来是功耗在作祟。

徒弟：师傅，难道智能控制方式的功耗就会小吗？

师傅：大家知道，LED的亮度只与平均电流有关，即通过电流为40mA百分之百占空比的灯条亮度与通过峰值电流为50mA百分之八十占空比的灯条亮度是相同的，因为它们的平均电流都是40mA。如果采用智能控制方式，让峰值电流为50mA，则占空比为百分之八十的PWM电流流过LED2，如下图所示，因峰值电流由40mA增加到50mA（芯片自动控制），故导通时LED2上的压降也由原来的33V增加为35V，即导通时损耗在芯片内部的电压为0.5V，导通时的功耗为

$$P_S = 0.5V \times 50mA \times 80\% = 20mW$$

相比之下少了80mW，非常有利于降低IC的发热，所以即使控制多路LED，IC的发热也不会很严重。

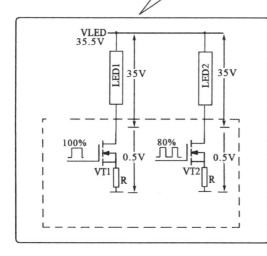

明白了。

1

另外，因智能控制技术具有局部调光功能，在画面需要高亮度的地方调高亮度（即流过较大电流），在画面相对较暗的地方减小亮度（即减小电流）。而不是像传统一样无论是高亮度画面还是偏暗画面，LED都发出相同的亮度，即流过相同的平均电流，只依靠液晶体偏转来实现亮暗变化。因画面不可能一成不变都是高亮度画面，所以采用局部调光可以降低背光灯的功耗，还可以提高画面的对比度。真是一举多得！

2
真不错！

3
确实好。

第19日 由PF7001S构成的LED驱动电路

师傅：徒弟们，今天我们来分析一个LED驱动电路，这个电路以PF7001S为核心构成，常用于32 in以下的液晶电视机中（如AOC T2264WM、创维32E330E等）。通过对这个电路的分析，会进一步提升你们对LED背光灯驱动电路的理解。

徒弟：太好了。

一、PF7001S介绍

师傅：这是PF7001S的内部框图。

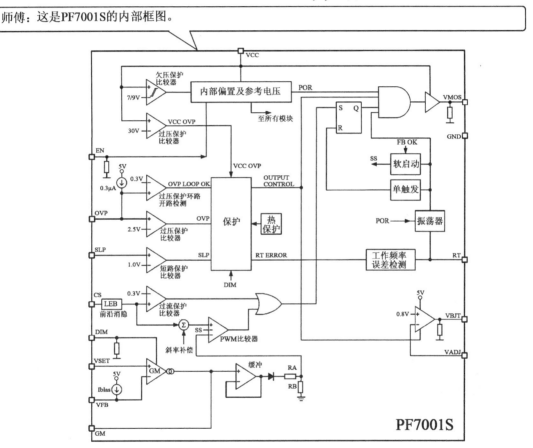

师傅：这是PF7001S的引脚符号及外形图。

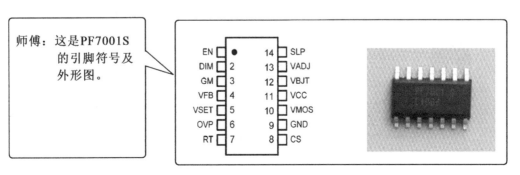

引脚	符号	功能
1	EN	使能端。高电平时,芯片工作;低电平时,芯片停止工作
2	DIM	调光控制引脚
3	GM	环路补偿引脚,外接RC低通滤波器
4	VFB	外置三极管集电极电压输入检测引脚
5	VSET	VFB的基准电压参考值设置,本电路设置为2.4V左右
6	OVP	过压保护端。超过2.5V时,芯片过压保护
7	RT	IC工作频率设置端。外接电阻
8	CS	过流检测端。当该引脚电压超过0.3V时,芯片执行过流保护
9	GND	接地端
10	VMOS	驱动脉冲输出。驱动升压MOS管的G极
11	VCC	供电端。高于9V时,电路启动(正常工作电压设置在9~27V之间);低于7V时,停止工作,执行欠压保护;达到30V时,也停止工作,执行过压保护
12	VBJT	外置三极管基极驱动引脚
13	VADJ	LED电流检测端。高于0.8V时,说明流过LED的电流太大,此时VBJT输出低电平
14	SLP	灯条短路保护端。当该引脚电压达到1V时,说明灯条出现短路现象,芯片停止工作,执行短路保护

二、电路结构

师傅：这是由PF7001S构成的LED驱动电路（取自AOC T2264WM液晶电视机）。标有"NC"的元器件在实际电路中未装。

三、电路分析

升压电路（Boost）

这是升压电路的结构及工作过程。升压电路负责将开关电源送来的12V电压提升至42V，驱动LED背光灯工作

IC8501内部电路，Q8101、L8102、D8101、C8102、C8113等元件构成升压电路。芯片11脚加电后，内部电路开始工作，从10脚输出驱动脉冲，使Q8101进入开关工作状态。在Q8101饱和期间，L8102储存能量，产生右正左负的自感电压，该电压与+12V的供电电压叠加后，再由D8101整流、C8102和C8113滤波后，获得LED背光灯驱动电压VLED（约42V），驱动LED背光灯发光

过压保护

当输出电压VLED过高时，经R8116和R8117分压后所获得的检测电压会超过2.5V，该电压送至6脚，使芯片执行过压保护动作，芯片停止脉冲输出，Q8101截止，升压电路停止工作

过流保护

当流过Q8101的电流过大时，R8107上的电压会增高到0.3V以上，该电压经R8108送至8脚，使芯片执行过流保护，使Q8101提前截止，防止Q8101因过流而击穿

使能控制端，用于整机芯片的控制，受待机芯片的控制，工作与否。工作时芯片工作，高电平时芯片停止工作，低电平时

亮度控制及保护电路

师傅：这是亮度控制及LED保护电路，其功能是控制LED灯条的亮度，确保LED工作于恒流状态，并完成短路或过流保护。

灯条短路保护

当某灯条出现短路时，不妨设LED1灯条出现短路（即灯条中有击穿的LED存在），此时Q8104集电极电压必上升，该电压经D8103上管后，再由R8118和R8119分压，使14脚电压增高到1V以上，芯片执行短路保护，停止脉冲输出，Q8101截止。

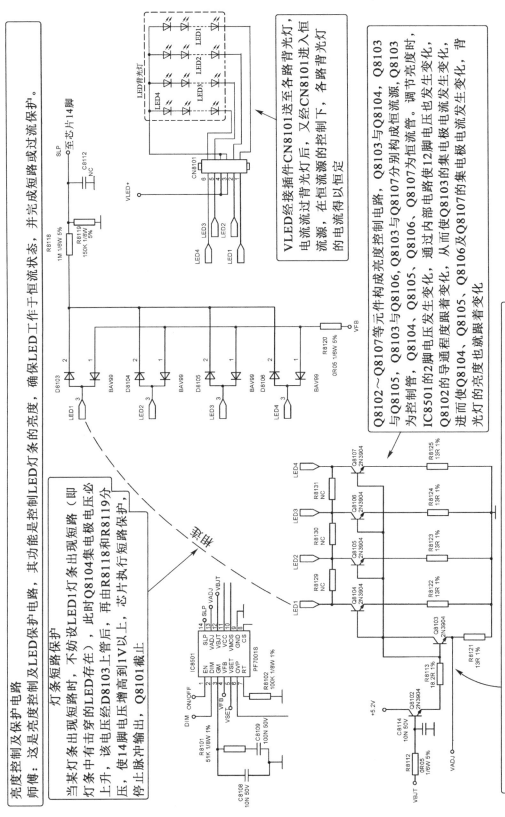

VLED经插件CN8101送至各路背光灯，电流源经CN8101进入恒流源，在恒流源的控制下，各路背光灯的电流得以恒定

Q8102～Q8107等元件构成亮度控制电路，Q8103与Q8105、Q8103与Q8106、Q8103与Q8107分别构成恒流源，Q8103为控制管，Q8104、Q8105、Q8106、Q8107为恒流管。调节亮度时，IC8501的2脚电压发生变化，通过内部电路使12脚电压也发生变化，Q8102的导通程度跟着变化，从而使Q8103的集电极电流发生变化，进而使Q8104、Q8105、Q8106及Q8107的集电极电流也就跟着变化，背光灯的亮度也跟着变化

R8121用于背光电流检测，检测电压VADJ送至芯片13脚，当13脚电压高于0.8V时，说明LED灯条的电流太大，此时芯片的12脚输出低电平，关闭背光灯

四、电路检修

师傅：这是电路的关键检测点，通过检测这些点的电压和波形，可以缩小故障范围，并最终找到故障点。

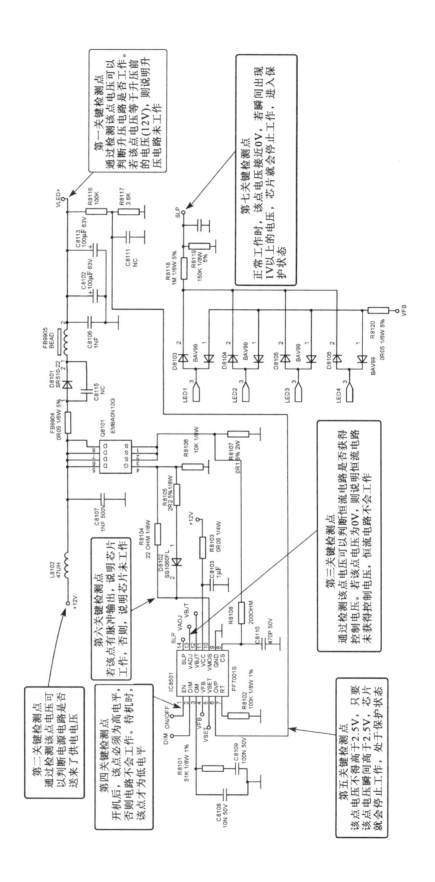

师傅：该电路的常见故障是背光灯不亮或亮一下即灭。这是背光灯不亮的检修流程。

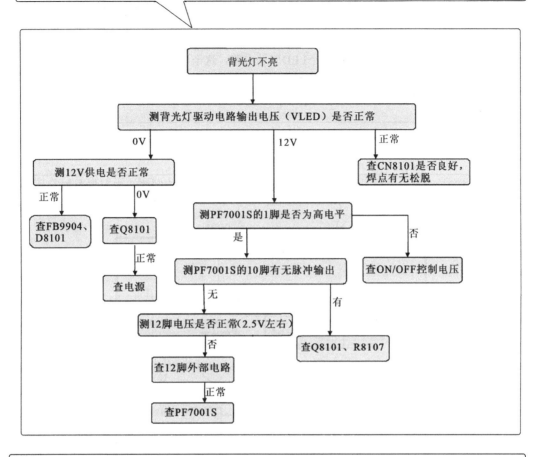

徒弟：师傅，若开机后，背光灯亮一下即灭，该怎样检修？
师傅：若开机后，背光灯亮一下即灭，说明升压电路能工作，只是工作后，随即进入了保护状态。检修时可先断开R8118，看是否解除保护，若依旧保护，应查芯片6脚和7脚的外部电路；若已经解除保护，应查恒流源及灯条。

师傅：在本电路中，D8103～D8106的型号为BAV99；Q8101的型号为EMBA0N10G。这两种元器件都比较特殊，一旦损坏，很难找到原型号，此时，可按下图所给的参数选择其他型号的元器件来替换。

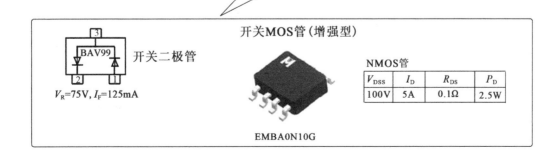

· 155 ·

第20日 由LD7400和PF7700构成的LED驱动电路

师傅：徒弟们，今天我们再来分析一个LED驱动电路，这个电路以LD7400和PF7700为核心构成，常用于32 in以上的液晶电视机中（如创维42E330D、46E300D等）。通过对这个电路的分析，又会进一步提升你们对LED背光灯驱动电路的理解。

徒弟：好的。

一、LD7400介绍

师傅：LD7400是通嘉公司生产的异步电流模式LED背光灯升压控制器，内部框图如下所示。

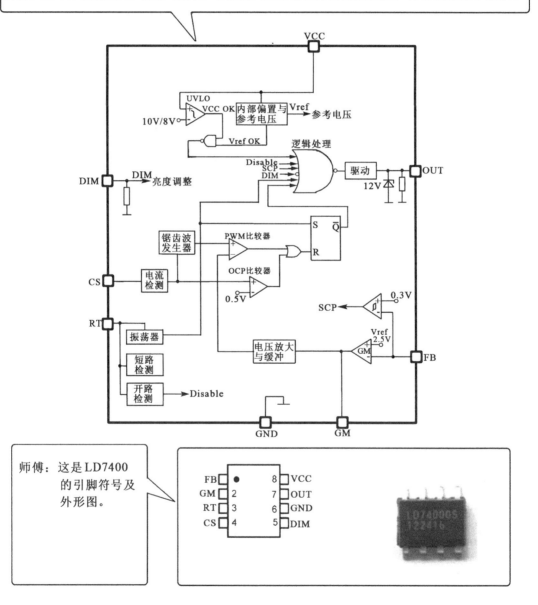

师傅：这是LD7400的引脚符号及外形图。

师傅,LD7400的引脚功能是怎样的?

下表列出了LD7400的引脚功能。值得注意的是,该芯片的5脚为亮度控制端,但它并非直接用来控制背光灯的亮度,而只是用于控制芯片的工作与否,当5脚 DIM 电压(PWM脉冲)为高电平(2V以上)时,芯片工作;当为低电平时,芯片停止工作。

引 脚	符 号	功 能	电压(V)
1	FB	反馈输入(用于稳压控制)	2.5
2	GM	PWM 控制回路补偿端,外接 RC 滤波器	2.4
3	RT	振荡器外接定时电阻	1.3
4	CS	过流检测端(高于0.5V时,过流保护)	0
5	DIM	亮度控制端(与PF7700同步控制)	2.7
6	GND	接地端	0
7	OUT	PWM 脉冲输出端	5.4
8	VCC	供电端(高于10V时,电路工作;低于8V时,欠压保护)	12.2

你们知道这个芯片有什么功能特点吗?

我只知道它是一个升压控制器,不知道它有何功能特点。

它有如下一些功能特点:
(1)输入电压范围为10.5~28V;
(2)具有欠压保护、短路保护、过流保护、过热保护等功能;
(3)设有可编程频率控制振荡器;
(4)具有同步亮度控制功能。

噢,原来是这样。

二、PF7700介绍

师傅：PF7700是LED背光灯驱动控制专用芯片，内部电路框图如下所示，其主要功能是完成亮度控制。

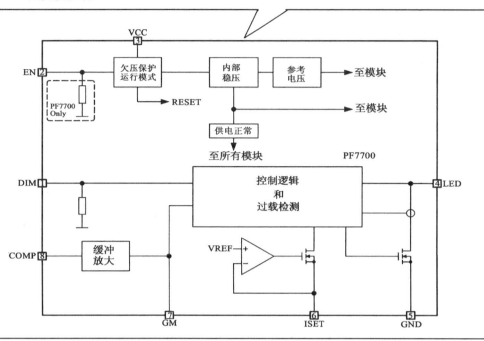

师傅：这是PF7700的引脚功能表。由于亮度采用PWM控制方式，故6脚外部电阻实际上是用来设定LED背光灯平均电流的，电阻精度越高，平均电流的稳定度也就越高。

徒弟：明白了。

引 脚	符 号	功 能
1	DIM	亮度调节端
2	EN	使能端，高电平时，芯片激活；低电平时，芯片关闭
3	VCC	供电
4	LED	LED恒流驱动端（由PWM脉冲恒定LED的平均电流）
5	GND	接地端
6	ISET	LED电流设置端（120mA/10k，110mA/10.5k，105mA/11k，100mA/11.5k，93mA/12.7k）
7	GM	缓冲放大器输出滤波端
8	COMP	缓冲放大器输入端（恒流控制输入）

师傅：这是PF7700的引脚符号及外形图。

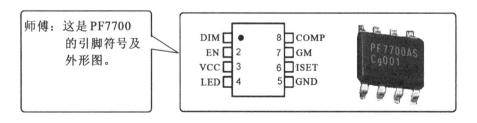

三、升 压 电 路

师傅：这是升压电路，取自创维46E300D液晶电视机，标有"NC"的元件在实际电路中未接。下面我们一起来分析这个电路的工作过程。

（1）升压过程。

开机后，主电源输出24V电压经储能电感L8101送至开关管Q8101的漏极。同时，主电源输出的12V电压送至IC8103（LD7400）的8脚，使IC8103工作，从7脚输出PWM脉冲，使Q8101进入开关工作状态。在Q8101饱和期间，L8101感应左正右负的电压，同时L8101储存能量；在Q8101截止期间，L8101感应右正左负的电压，该电压与24V供电电压叠加，并经D8120整流和C8118、C8108滤波后，得到50V电压（VLED），该电压用来驱动LED背光灯，使LED背光灯点亮。

（2）稳压过程。

R8145、R8147和R8141构成分压电路，R8141上所分得的电压（即FB电压）一方面送至8个亮度控制电路，另一方面送至IC8103的1脚，用于稳压控制，使输出电压稳定在50V，FB电压也被锁定在2.5V。

徒弟：这两个过程比较简单，我们已经弄清了。

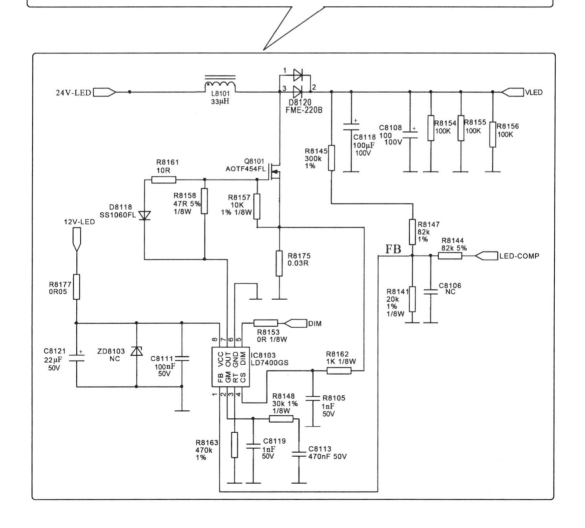

师傅：接下来，我来分析一下电路的保护过程。

（3）保护过程。

过流保护：Q8101的源极接有电流检测电阻（R8175），当流过Q8101的电流过大时，R8175上的电压就会上升，该电压经R8162和C8105积分滤波后送至IC8103的4脚，只要4脚电压超过0.5V，过流保护功能启动，7脚输出的脉冲宽度变窄，Q8101饱和时间缩短，漏-源电流下降，从而有效避免了过流现象，防止Q8101因过流而击穿。

短路保护：当负载出现短路时，VLED电压会大幅下降，经R8145、R8147和R8141分压后，在R8141上所分得的电压（即FB电压）也大幅下降，只要FB电压下降至0.3V，芯片内部短路保护功能即启动，7脚停止脉冲输出，以免负载过重而导致升压电路损坏。

徒弟：明白了。

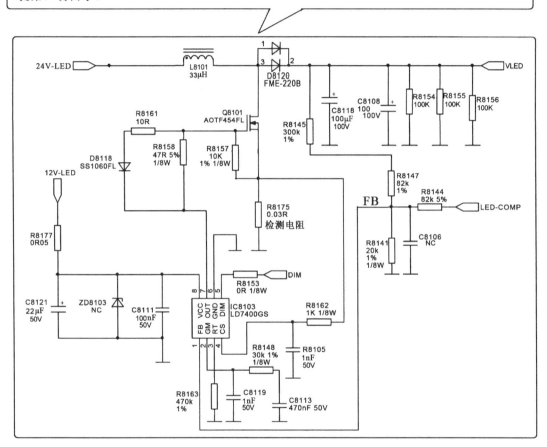

师傅：芯片的5脚为同步亮度控制端，当DIM（PWM脉冲）为高电平时（大于2V），IC8103内部电路正常工作，整个升压电路也正常工作；当DIM为低电平时（小于1V），IC8103内部电路停止工作，7脚输出低电平，Q8101截止，升压电路停止工作。

徒弟：为什么在DIM为低电平时，让升压电路停止工作呢？

师傅：由于背光驱动电路采用脉宽（PWM脉冲）控制方式来控制亮度，在DIM为高电平时，背光灯点亮（消耗能量）；在DIM为低电平时，背光灯不亮（不消耗能量），此时升压电路不必工作。

徒弟：原来如此。

四、亮度控制电路

师傅：下面我们来分析亮度控制电路，参考下图。图中LED1～LED8代表8路LED灯条，LED驱动电路通过接插件CN8502与背光灯相连，升压电路输出的VLED电压经CN8502送入LED背光灯，每一路LED灯条的负端都与各自PF7700的4脚相连，由PF7700控制LED灯条的电流（由于8路亮度控制电路的结构完全一样，故图中只画出了LED1这一路）。流过LED灯条的最大平均电流由PF7700的6脚电阻进行设置，当6脚电阻的阻值为12kΩ时，LED灯条的最大平均电流为96mA。流过LED灯条的电流大小可由1脚的DIM电压进行控制，DIM电压由主板送来，调节背光亮度时，DIM电压的脉宽会变化，脉宽越宽，背光亮度越高；脉宽越窄，背光亮度就越低。

徒弟：PF7700的2脚起什么作用？

师傅：PF7700的2脚为使能控制端，常用于开机/待机控制。在开机状态下，主板送来的ON/OFF电压为高电平，该电压加到PF7700的2脚，使芯片工作；在待机状态下，主板送来的ON/OFF电压为低电平，芯片关闭，流过LED灯条的电流为0，LED背光灯熄灭，以减小功耗。

徒弟：PF7700的8脚起什么作用？

师傅：8脚用来输入补偿电压，该电压来自升压电路的FB端，当VLED发生变化时，升压电路的FB电压也跟着变化，进而导致芯片8脚的LED-COMP电压也发生变化，经内部电路比较后，产生控制电压，对LED背光灯的电流进行调整，确保背光灯的亮度不受VLED电压变化的影响。若LED-COMP电压过高，则内部保护电路会启动，芯片停止工作。

徒弟：明白了。

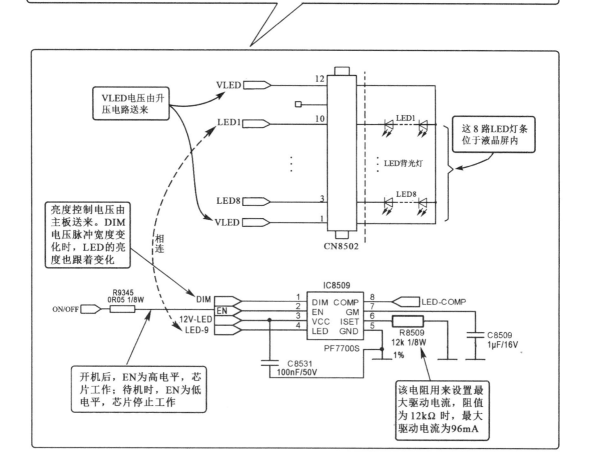

· 162 ·

五、电 路 检 修

师傅：这是电路的关键检测点，通过检测关键点，可以帮助寻找故障部位，找到故障点，并提高检修效率。

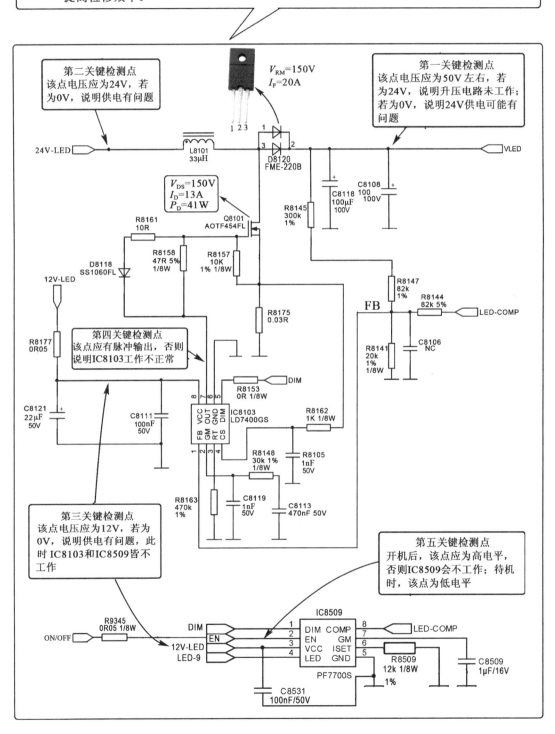

徒弟：师傅，该电路常见的故障现象有哪些？
师傅：由于电路结构的特殊性，该电路有两种常见的故障现象，一种是LED背光灯不亮（但伴音正常）；另一种是背光亮度明显变暗。
徒弟：LED背光灯不亮时，该怎样检修？
师傅：当出现LED背光灯不亮时，可按如下流程进行检修。

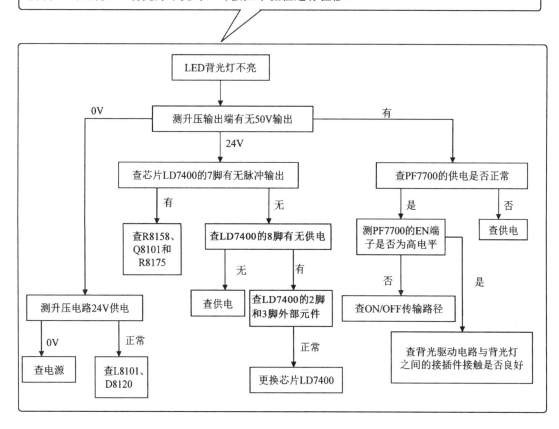

徒弟：当出现背光亮度明显变暗时，又该怎样检修？
师傅：当出现背光亮度明显变暗时，说明至少有一路LED灯条不亮，原因可能是LED灯条损坏、驱动电路与背光灯之间的接插件接触不良或对应的亮度控制电路PF7700工作不良。可先对接插件的各脚进行加焊，看能否排除故障。若未能排除故障，再对比测量8块PF7700的4脚电压，电压明显偏高的那块芯片即为故障点。此时，可先查其外部元件，若外部元件无问题，就得更换这块PF7700。若某块PF7700的4脚电压为0V，则说明其驱动的LED灯条损坏或自身内部的MOS管击穿。

第21日 主板——结构框图、高频及中频电路

一、主板结构框图

师傅：从结构上来讲，液晶电视机的主板电路有四大类型，即多片主板电路，单片主板电路，超级芯片主板电路及画中画主板电路。这是TCL 26H机芯主板电路结构框图，属典型的多片主板电路，其特点是每一单元电路都采用一个独立的集成块来担任，电路结构相当复杂。这种电路出现在早期的液晶电视机中。为了减少较高。这种电路造价也成本，降低售价，近几年推出的液晶电视机一般不采用这种结构形式，而采用另外三种形式。

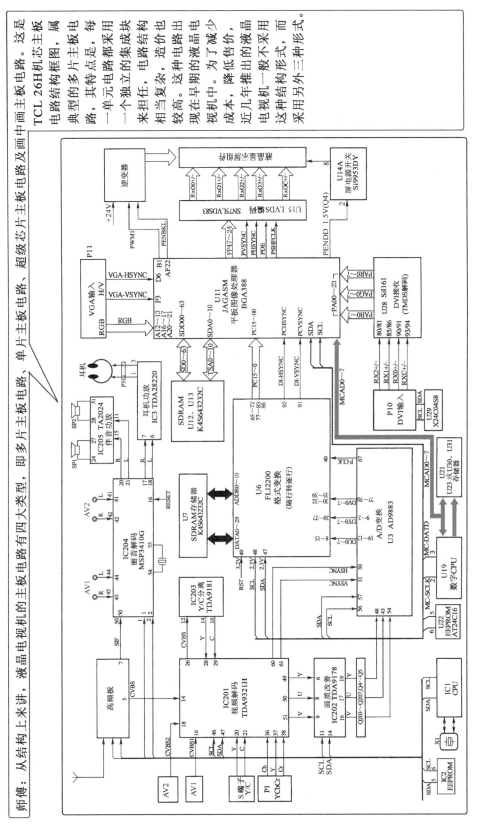

师傅：这是长虹LT32510液晶电视机主板电路结构框图，它以单片平板图像处理器NT7263为核心构成，属典型的单片主板电路。由于单片平板图像处理器中集成了所有的模拟视频处理电路和数字视频处理电路，因而能使整个主板电路的结构大为简化，主板的面积也大大缩小。由于单片平板图像处理器中无CPU，因而需在其外部另设一CPU来管理各电路的工作情况。

徒弟：单片平板图像处理器中包含那么多电路，其规模肯定很大吧？

师傅：是的，单片平板图像处理器是一个超大规模集成块，其引脚数量一般在200以上。由于单片平板图像处理器内部电路太多，故工作时发热比较严重，为了使芯片不至于热损坏，通常需给芯片加上散热片。

徒弟：从框图上看，单片主板电路比多片主板电路要简单得多，但不知其画质会不会下降？

师傅：你多虑了，目前，单片平板图像处理器都支持1024×768以上的分辨率，足以满足视觉要求，图中的单片平板图像处理器NT7263能支持1366×768的分辨率，适应4:3和16:9的画面。

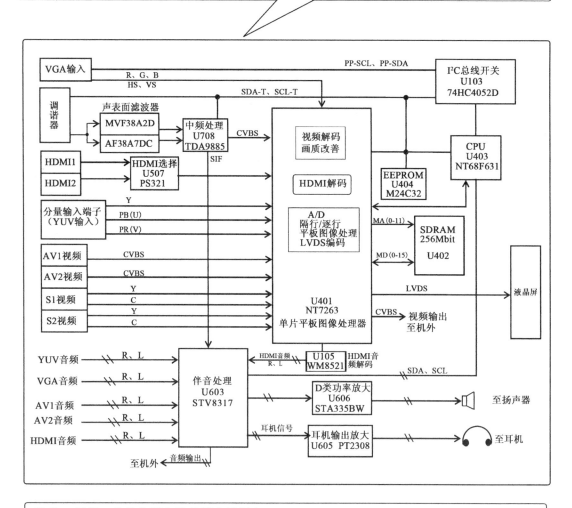

徒弟：师傅，单片主板电路应用广泛吗？

师傅：应用很广泛，一般用于30in以上的机型中。

师傅：这是海信MST9U88L机芯主板电路结构框图，它以超级平板图像处理器MST9U88L为核心构成，属典型的超级芯片主板电路。由于超级平板图像处理器中含有一个嵌入式CPU，利用这个CPU可以实现整机的控制功能，因而在超级芯片主板上无需再设CPU，故结构进一步得到简化。

徒弟：师傅，是不是可以理解为超级平板图像处理器是将单片平板图像处理器与CPU集成在同一芯片上而形成的？

师傅：是的，就是这么一回事。超级平板图像处理器在功能上相当于单片平板图像处理器与CPU的总和。

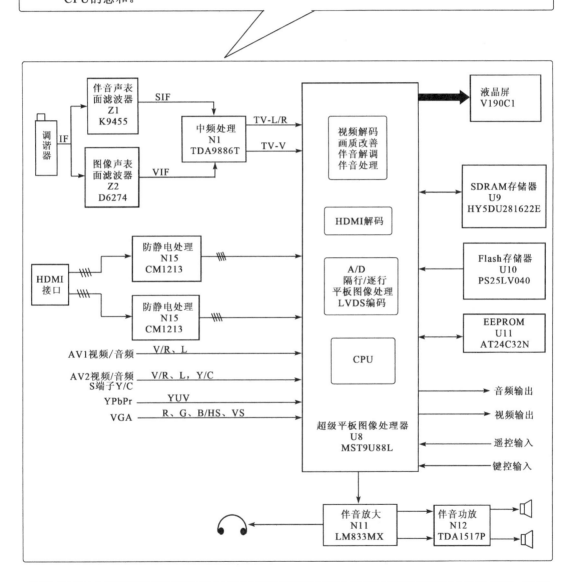

徒弟：师傅，超级芯片主板电路应用广泛吗？

师傅：应用很广泛，一般用于32 in以下的机型中。

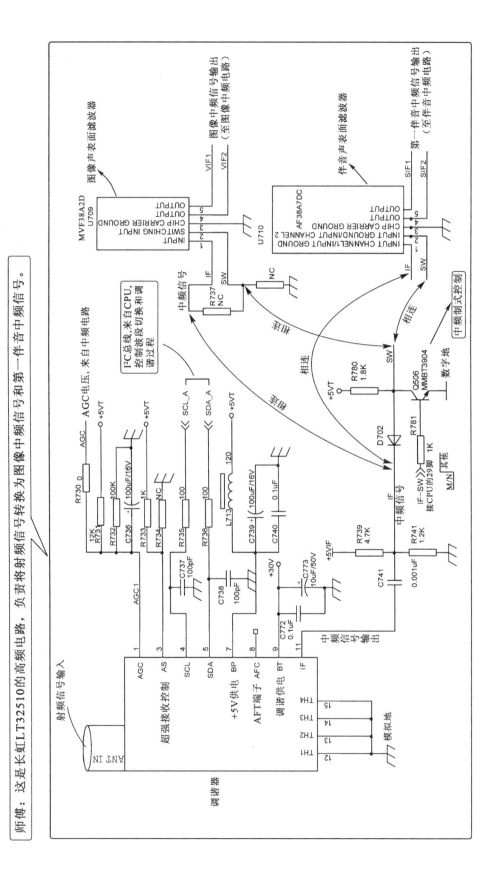

三、中频电路

师傅：液晶电视机的中频电路有两种形式：一种是独立式中频电路，一般由一个集成块构成，安装在主板上；另一种是将中频电路与高频电路组装在一起，构成一个高中频组件，再安装在主板上。

徒弟：液晶电视机的中频电路与CRT电视机的中频电路结构一样吗？

师傅：结构完全一样，就连功能及工作原理也一样，不仅如此，其整个模拟部分都一样。

徒弟：师傅，能否讲解一个具体的中频电路？

师傅：好的，这里我就以长虹LT32510液晶电视机的中频电路为例进行讲解，这种中频电路以集成块TDA9885为核心构成，下面先介绍一下TDA9885。

师傅：这是TDA9885的结构框图，它是飞利浦公司推出的，能完成图像中频和伴音中频处理。图像中频信号经它处理后，转换为视频信号输出；伴音中频信号经它处理后，可以转换为音频信号输出，也可转换为第二伴音中频信号输出。

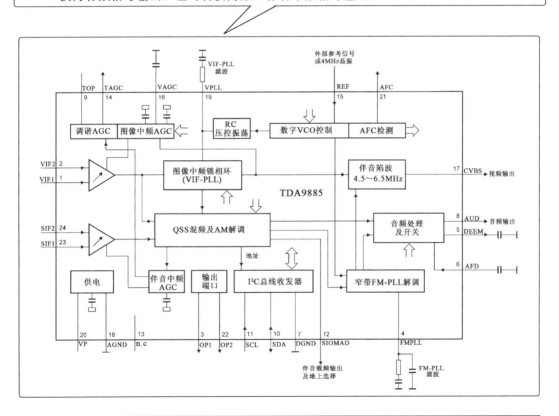

师傅：TDA9885的主要特点有：(1)采用5V供电；(2)图像中频放大器(VIF)采用交流耦合方式且增益可控；(3)适应33.4MHz、33.9MHz、38.0MHz、38.9MHz、45.75MHz和58.75MHz的图像中频信号；(4)图像中频及伴音中频均采用PLL(锁相环)解调方式；(5)4MHz参考频率；(6)峰值AGC功能；(7)可控增益伴音中频放大器；(8)伴音中频通道具有FM(调频)和AM(调幅)解调功能；(9)FM-PLL解调适应4.5MHz、5.5MHz、6.0MHz和6.5MHz等多种制式；(10)采用I²C总线控制方式。

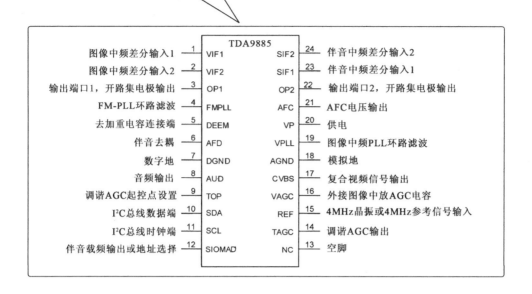

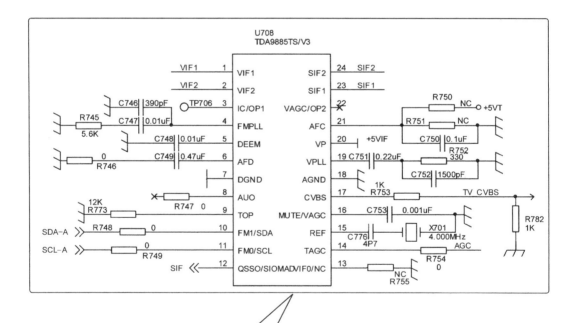

师傅：这是长虹LT32510液晶电视机的中频电路，图像中频信号从1脚和2脚输入，经内部图像中频通道处理后，获得的视频信号从17脚输出。第一伴音中频信号从23脚和24脚输入，经内部伴音中频通道处理后，获得的第二伴音中频信号从12脚输出。虽然TDA9885的伴音中频通道能完成伴音中频解调任务，并输出音频信号，但本机并未使用这一功能，这是因为本机中设有NICAM处理器，它能对第二伴音中频和NICAM伴音中频进行处理，最终输出双声道音频信号。

第22日 主板——伴音电路

一、伴音处理电路

师傅：液晶电视机的伴音处理电路有两大类型：一类是纯模拟型（同CRT电视机）；另一类是模拟与数字组合型，这里以后一种形式为例进行分析。目前，在液晶电视机中广泛使用的伴音处理器有MSP3460G、MSP4410G、STV8317、STV8318等，这里重点介绍一下STV8317。这是STV8317的内部功能框图。

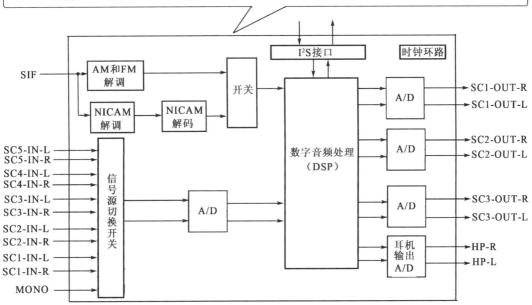

徒弟：STV8317的功能是什么？它具有哪些特点？
师傅：STV8317是ST公司推出的伴音处理器，具有信号源切换、FM解调、AM解调、NICAM解调及解码、数字音频处理等功能。它具有如下一些特点。
（1）24bit数字音频处理；
（2）全自动多制式解调，适应B/G、I、L、M/N、D/K等制式；
（3）在数字接口方面，拥有1个异步I²S接口、1个同步I²S接口和1个I²S转换器，适应双声道至5.1声道；
（4）在模拟接口方面，拥有5路立体声输入口，1路单声道输入口，3路独立的立体声输出口，1路耳机输出口；
（5）在声音补偿方面，拥有3段参数均衡器、5段频率均衡器和动态低音控制器；
（6）在声音处理方面，具有防过调制功能、独立的扬声器和耳机音量/平衡调整功能、智能音量控制功能、响度控制功能及环绕声处理功能。

徒弟：I²S是什么意思？
师傅：关于这个问题，大家不用急，到明天就知道了。

师傅：这是STV8317的外形图。

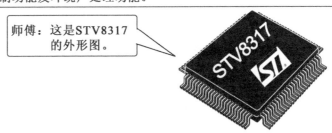

师傅：下图是长虹LT32510液晶电视机的伴音处理电路，其以STV8317为核心构成。STV8317号进行一系列数字处理，极大地改善了声音效果。STV8317在I²C总线的控制下，能对外状态下，选择AV1音频信号……），选择后的信号进入内部DSP电路中进行数字处理，经数字处理后的信号最终以两种格式输出，一种为I²S总线格式，这种格式的信号送至D路送至耳机信号放大器，另一路送至机外）。

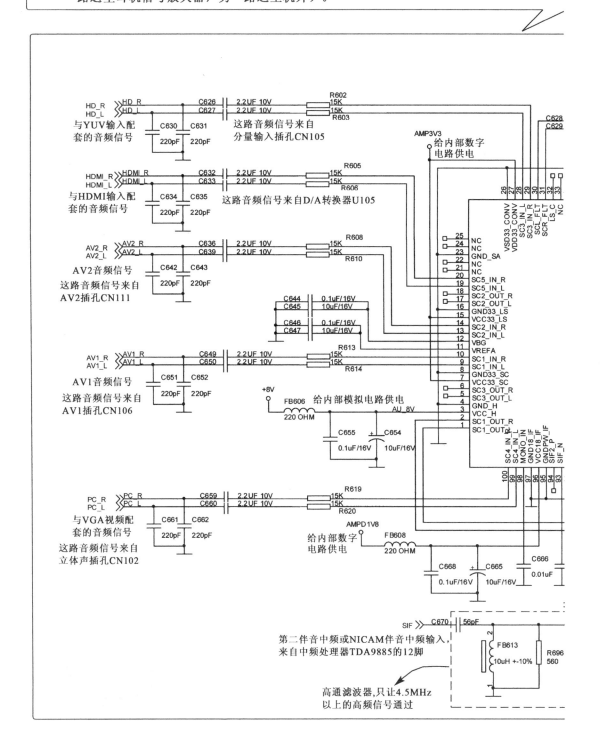

能将伴音中频信号或NICAM中频信号处理成音频信号（常称TV音频信号），并能对音频信部输入的5路音频信号和TV音频信号进行选择（例如，在TV状态下，选择TV音频信号；在AV1内容包括立体声/伪立体声处理、环绕声处理、均衡处理、音调控制、音量控制、响度控制等。类功率放大器，最终驱动扬声器工作；另一种为模拟格式，共4路，本机只用了两路（其中一

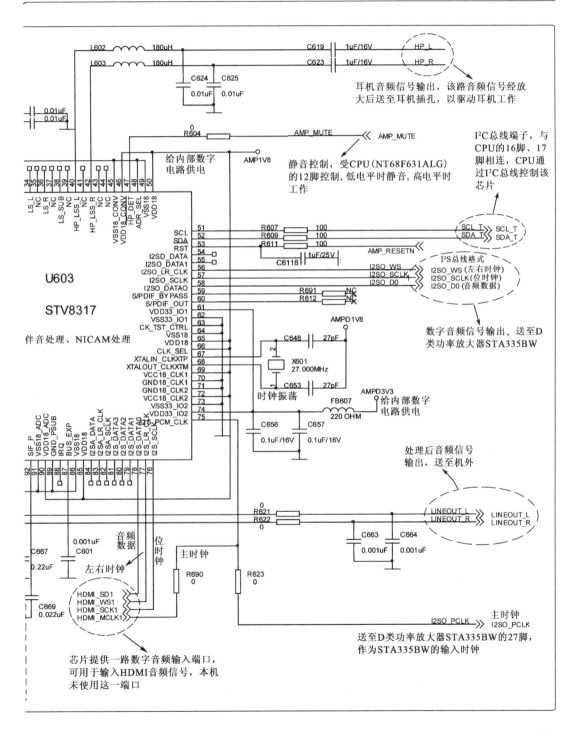

二、D类功率放大器

师傅：在CRT电视机中，常用AB类功率放大器（如OTL、OCL电路等）来做伴音输出放大，而在液晶电视机中，有些机型仍用AB类功率放大器做伴音输出放大，也有些机型采用D类功率放大器做伴音输出放大。由于AB类功率放大器大家比较熟悉，故这里重点介绍一下D类功率放大器。

徒弟：师傅，什么是D类功率放大器？

师傅：D类功率放大器又称数字功率放大器，它的工作原理有点类似于开关电源。它是通过控制功放管的开关（即通/断）来获得功率转换的，输出与输入之间无线性关系，属非线性放大器。在D类功率放大器中，常用饱和压降很小的开关管来充当功放管，由于开关管在导通时虽然电流最大，但管压降却很低；在截止时虽然电压最大，但电流却等于零，故开关管自身消耗的能量很小，故D类功率放大器的效率很高，可达90%～95%，远比AB类功率放大器高。由于D类功率放大器的自身耗能很小，因而有利于集成化，并且散热片的面积也不用做得很大，甚至可以省略。

徒弟：D类功率放大器的工作原理是怎样的？

师傅：请参考下图。

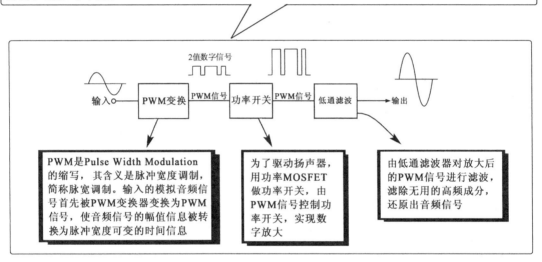

徒弟：师傅，PWM脉冲经低通滤波后，怎么就变成了模拟音频信号了？

师傅：PWM脉冲经过低通滤波后，宽脉冲输出的电压高，窄脉冲输出的电压低，这种输出规律正好与PWM变换前的音频信号一致，所以PWM脉冲经低通滤波后，就变成模拟音频信号。

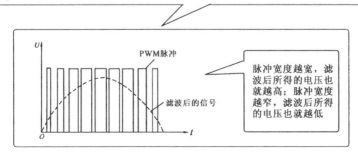

师傅：D类功率放大器均已集成化且型号很多。
徒弟：师傅，能否给我们介绍一种？
师傅：好的，这里就以长虹LT32510液晶电视机所用的STA335BW为例进行介绍。这是STA335BW的内部结构框图，它由数字处理部分和功率放大部分构成，该芯片能直接接收I²S总线格式的数字音频信号，并将其转换为PWM信号，最后经功率放大后输出。

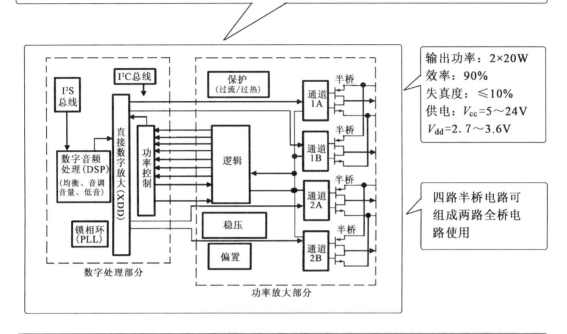

徒弟：师傅，请解释一下I²S总线好吗？
师傅：I²S(Inter-IC Sound)总线是飞利浦公司为数字音频设备之间的音频数据传输而制定的一种总线标准，该总线专用于音频设备之间的数据传输。在I²S总线标准中，既规定了硬件接口规范，也规定了数字音频信号的格式。I²S总线系统有如下3个主要信号。
(1) 串行时钟SCLK，也叫位时钟（BCLK），即对应于数字音频信号的每一位数据，SCLK都有1个脉冲。
(2) 帧时钟WS，也称左右时钟（LRCK），用于切换左右声道的数据。LRCK为"1"表示正在传输的是左声道的数据；为"0"则表示正在传输的是右声道的数据。
(3) 串行数据SDATA，即用二进制补码表示的音频数据。有时为了使系统间能够更好地同步，还需要另外传输一个主时钟信号MCLK，也叫系统时钟。
这是I²S总线传输模型。

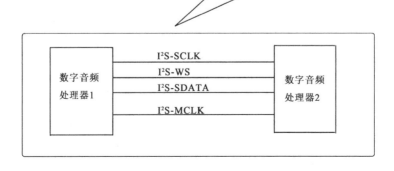

师傅：这是长虹LT32510液晶电视机的伴音功率放大器，I²S总线信号（来自STV8317）分别从STA335BW的27～30脚输入，进入内部数字处理器，经数字处理后，转换为两路PWM信号（左、右声道各一路），左声道PWM信号经全桥功率放大器放大后，从13脚和10脚输出，右声道PWM信号经全桥功率放大器放大后，从9脚和6脚输出，送至外部低通滤波器。

芯片的33脚和34脚为I²C总线端子，分别与CPU的17脚和16脚相连，以接收CPU的控制信号。31脚为复位端子，刚开机时，由于其外部电容的充电效应，31脚获得一个低电平复位电压使芯片复位，数毫秒后，充电完毕，复位结束，31脚变为高电平，复位工作完毕，芯片进入工作状态。

这是一个与门电路，A端输入音频数据，B端为静音控制信号，只有在静音控制信号为高电平时，Y端才会输出音频数据给后级电路才会发声。当静音控制信号为低电平时，音频数据被切断，不能从Y端输出，此时扬声器不能发声，处于静音状态。

静音控制，受CPU（NT68F631ALG）的12脚控制，低电平时静音，高电平时工作。

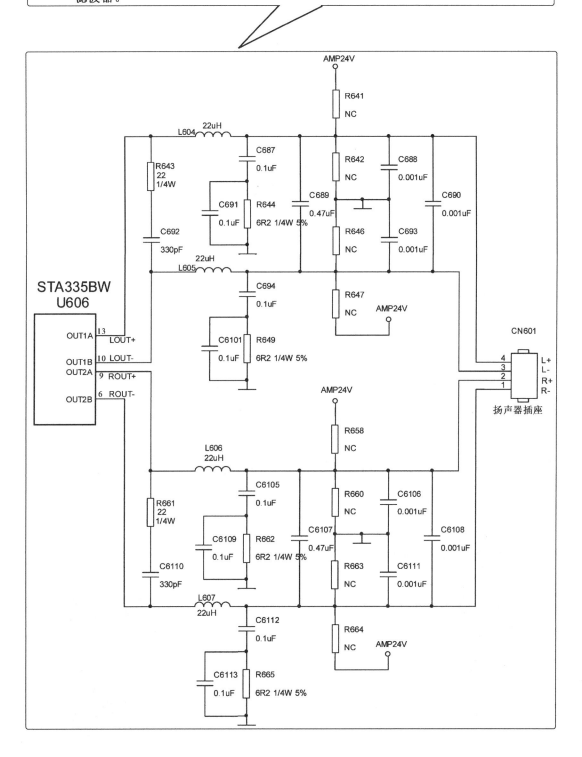

三、伴音电路故障检修

徒弟：伴音电路有哪几种常见的故障现象？
师傅：常见的故障现象是所有的信号源均无声或者TV信号源无声。
徒弟：应怎样检修这些故障？
师傅：当出现所有的信号源均无声时，可按以下流程进行检修。

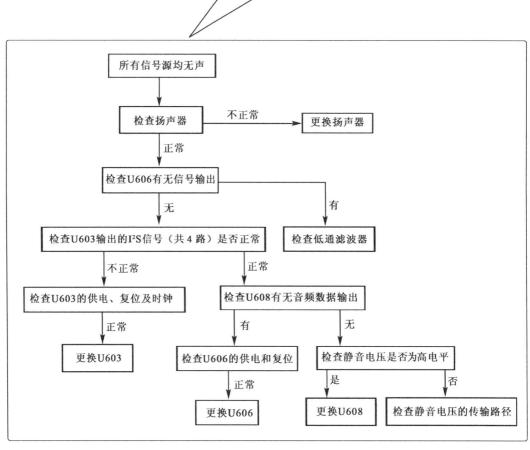

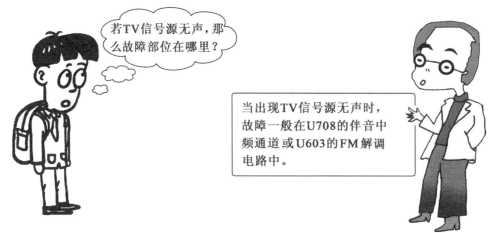

第23日 主板——单片平板图像处理器

师傅：单片平板图像处理器的型号很多，但处理信号的过程大同小异，今天，我们就以联咏科技公司推出的NT7263为例进行讲解。NT7263是一个256脚封装的超大规模芯片，能一举完成视频信号的模拟处理和数字处理，最终输出LVDS信号。为了分析方便，这里选用长虹LT32510电视机为分析对象，对各个模块进行分析。

一、模拟处理模块

师傅：这是模拟处理模块电路，其功能有三点：一是对TV视频信号和各路外部输入的视频信号进行切换，选择其中一种信号进行处理；二是对TV视频信号和各路AV视频信号进行解码处理；三是将解码后的视频信号送至内部A/D转换器。

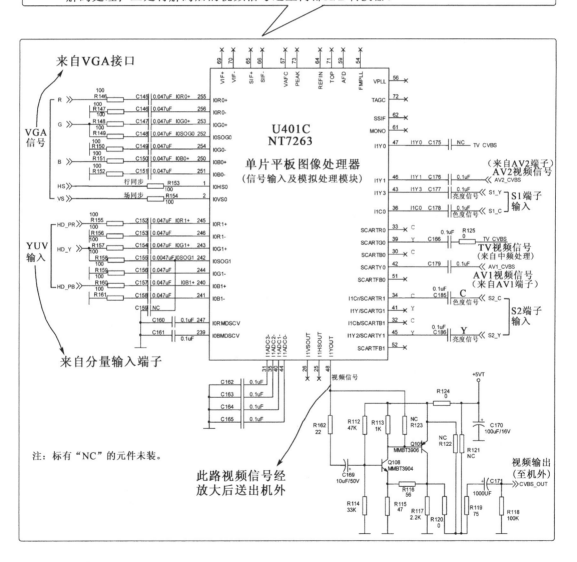

二、数字处理模块

师傅：这是数字处理模块电路，其任务是将模拟处理模块送来的模拟视频信号进行A/D转换，形成数字视频信号，再对数字视频信号进行各种数字处理，最终获得LVDS信号送往液晶屏逻辑板。数字处理模块上有一个HDMI接口，能接收HDMI信号，并对其进行解码处理，解码产生的数字视频信号继续留在模块内部进行处理，解码产生的数字音频信号（I²S信号）送至外部U105。在输出方面，既可选用单路LVDS输出方式，也可选用双路LVDS输出方式。当选用单路LVDS输出方式时，适用WXGA分辨率的液晶屏；当选用双路LVDS输出方式时，适用垂直分辨率达1080P（逐行扫描）分辨率的液晶屏。

徒弟：模块外部的存储器起什么作用？

师傅：模块外部接有两个存储器，一个是U509（EEPROM），用来存储厂家写入的控制信息；另一个是U510（Flash），用作程序存储器，用来提供软件的存储空间和运行空间。

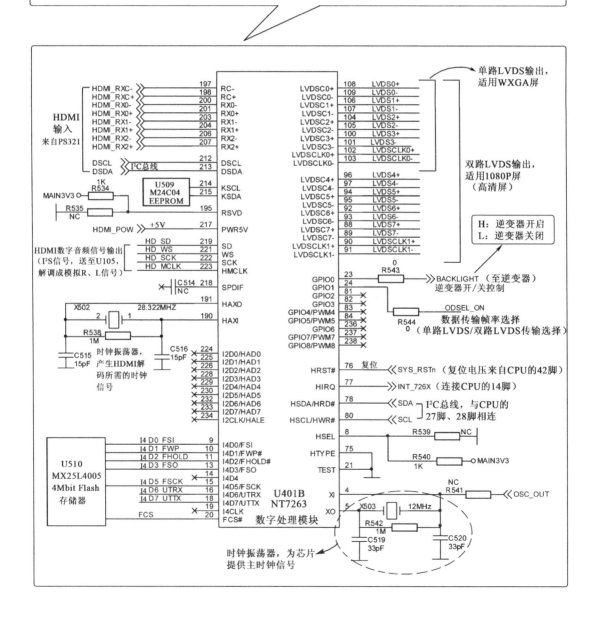

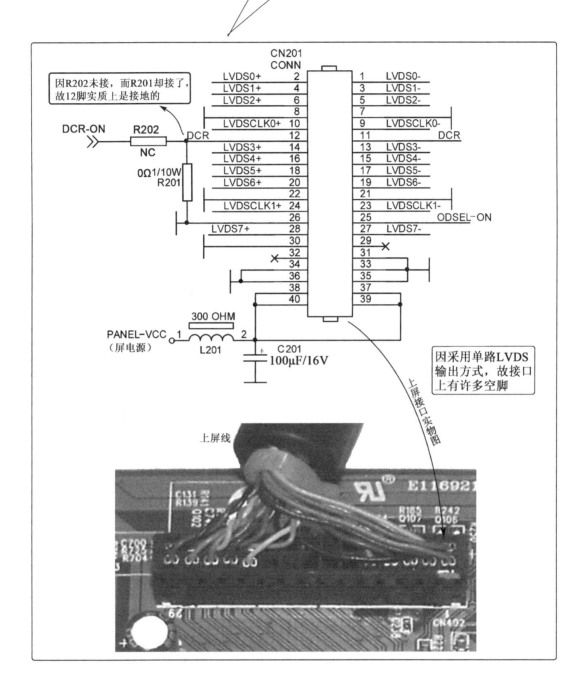

三、存储器接口模块

师傅：存储器接口专门用来连接SDRAM（同步动态存储器），为平板图像处理器提供256Mbit的数据RAM，供图像数据处理及帧数据缓冲使用。存储器接口与SDRAM之间的连接如下图所示，图中已标明各连接线的含义及连接方式。

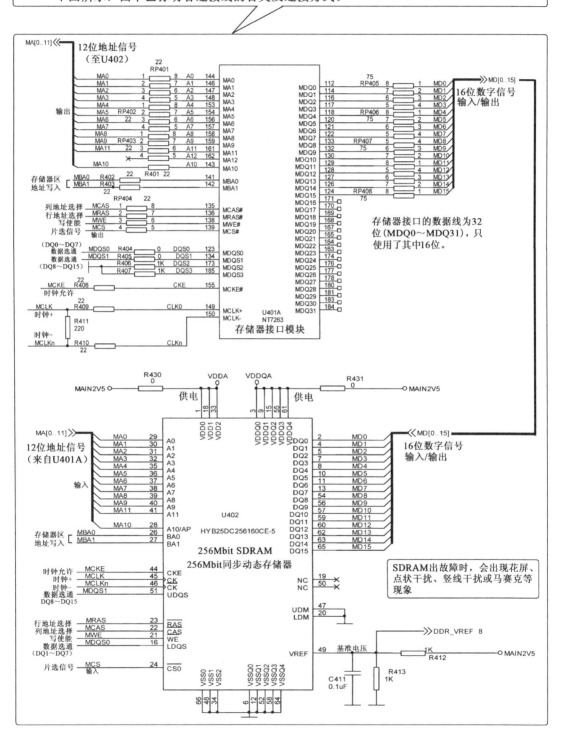

四、电源模块

师傅：下图是NT7263的电源模块，NT7263需要3.3V、2.5V及1.8V三种供电电压，这些电压全部由主板上的DC/DC电路来产生，无论哪种电压不正常，NT7263都将停止工作，出现无图像，甚至不能开机的故障现象。

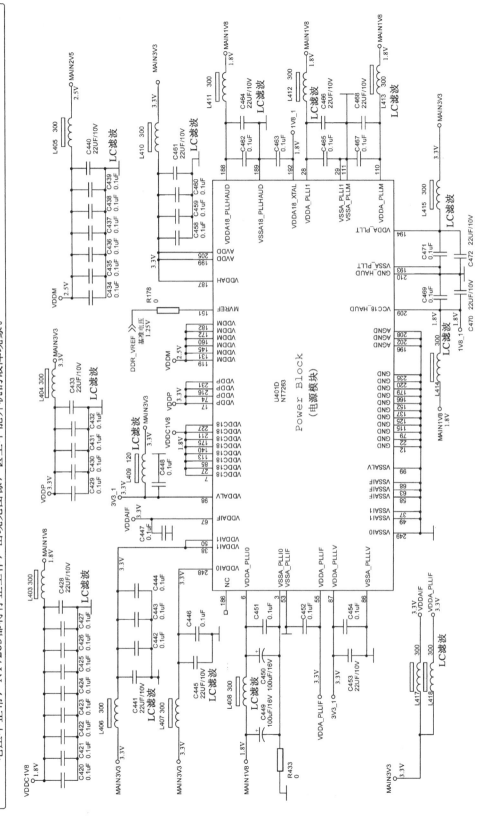

第24日 主板——系统控制电路

> 师傅：系统控制电路是以CPU为核心构成的，负责完成整机控制任务，我们以长虹LT32510型液公司推出的8bit CPU，具有比较强大的控制功能，它依靠I²C总线和独立端子来实现对整机

一、CPU的外围电路

> 师傅：这是CPU的外围电路，CPU各引脚的控制功能在图中均有标注。

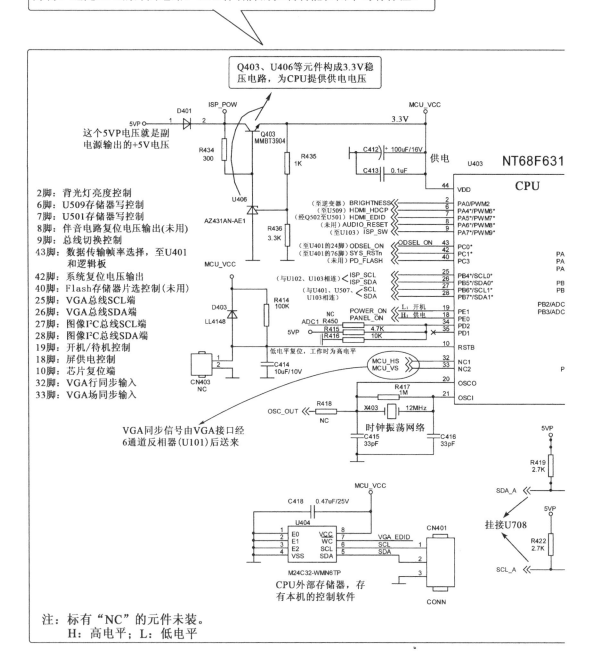

晶电视机为例来分析系统控制电路。该机所用的CPU为NT68F631ALG，这是一款由联咏科技的控制。

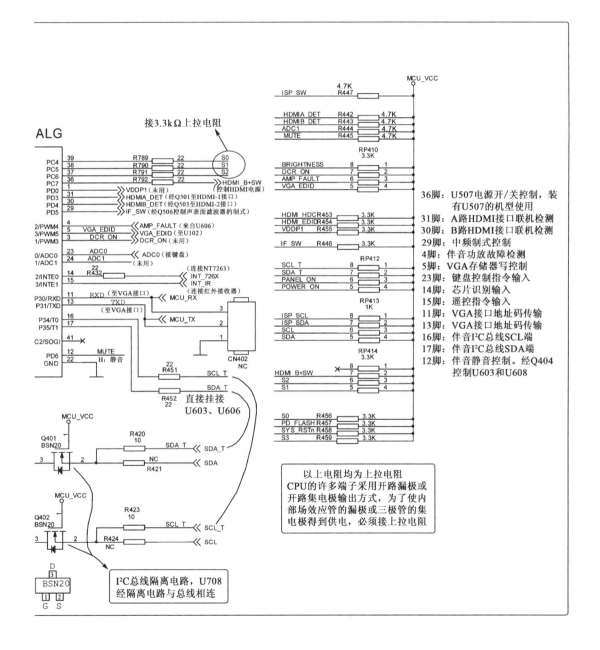

二、CPU对开机/待机的控制

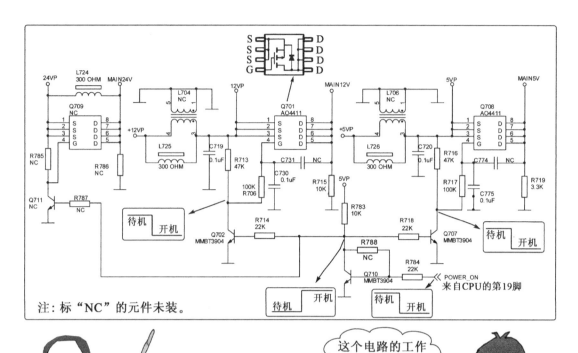

注:标"NC"的元件未装。

1 这是开机/待机控制电路。

2 这个电路的工作过程是怎样的？

3 通电后，副电源输出+5V电压（即5VP）使CPU工作。CPU工作后，从19脚输出高电平（即POWER-ON为高电平），Q710饱和导通，Q702和Q707截止，Q702和Q707的集电极输出高电平，分别送至Q701和Q708的G极，从而使Q701和Q708截止，12V和5V电压被切断，无法送至相应的负载电路，整机处于待机状态。二次开机后，CPU的19脚输出低电平（即POWER-ON为低电平），Q710截止，其集电极变为高电平，使Q702和Q707饱和导通，它们的集电极输出低电平，分别送至Q701和Q708的G极，从而使Q701和Q708导通，12V和5V电压将分别通过Q701和Q708送至相应的负载，使负载电路工作，整机转入正常工作状态。

4 师傅，开机/待机控制电路难道只控制12V和5V的通断，不需要控制电源电路吗？

师傅：我在分析电源电路时曾说过，PFC电路和主电源电路在待机时是不工作的，只有在二次开机后才工作，这就说明主电源电路必须受开机/待机电压的控制。这个控制过程是这样的：二次开机后，Q708导通，输出MAIN5V电压，将这个电压作为PS-ON信号送至电电源板，从而使PFC电路和主电源工作。

徒弟：原来是这样。

三、CPU对逆变器的控制

师傅：CPU对逆变器的控制如下图所示。

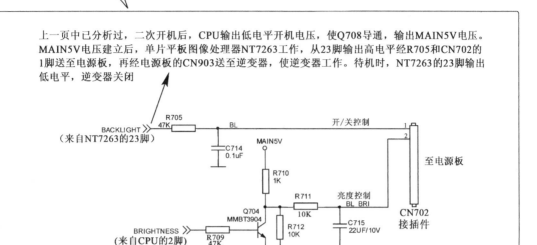

上一页中已分析过，二次开机后，CPU输出低电平开机电压，使Q708导通，输出MAIN5V电压。MAIN5V电压建立后，单片平板图像处理器NT7263工作，从23脚输出高电平经R705和CN702的1脚送至电源板，再经电源板的CN903送至逆变器，使逆变器工作。待机时，NT7263的23脚输出低电平，逆变器关闭

二次开机后，CPU的2脚输出亮度控制电压，经Q704放大后，再经R711和C715平滑滤波，然后经CN702送至电源板，由电源板上的CN903送往逆变器，控制背光灯的亮度

四、CPU对屏电源的控制

师傅：CPU对屏电源的控制如下图所示。

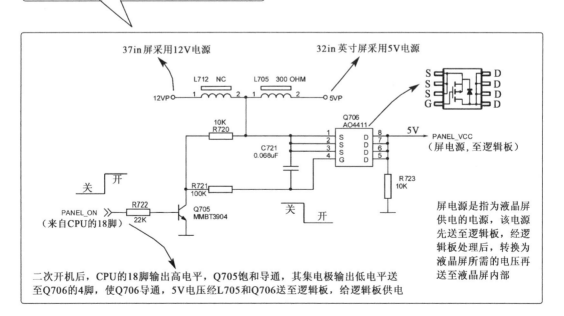

二次开机后，CPU的18脚输出高电平，Q705饱和导通，其集电极输出低电平送至Q706的4脚，使Q706导通，5V电压经L705和Q706送至逻辑板，给逻辑板供电

五、DC/DC电路

> 师傅：电源板只输出3种电压，即+5V、+12V和+24V，而主板除了需要+5V、+12V和+24V外，还需要+1.8V、+2.5V、+3.3V和+8V、+30V等多种电压，从而决定主板上必须设有一系列DC/DC电路，以获得主板所需的各种电压。
> 徒弟：师傅，主板上设有多少个DC/DC电路？能否逐一介绍一下？
> 师傅：主板上共设有8个DC/DC电路，下面逐一介绍。

这是12V/8V变换电路，由三端稳压器AZ1117H-ADJ-E1完成电压变换。

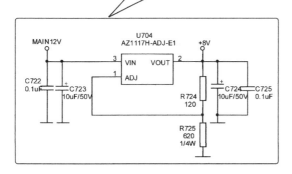

这是5V/2.5V变换电路，由三端稳压器AIC1084-25PETR-R完成电压变换。

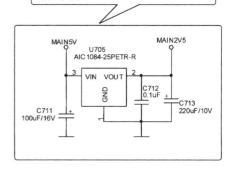

这是5V/3.3V变换电路，由三端稳压器G1084-33TU3UF完成电压变换。

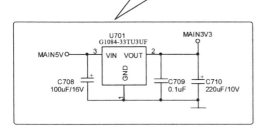

这是3.3V/1.8V变换电路，由三端稳压器AP1084D18LA完成电压变换。

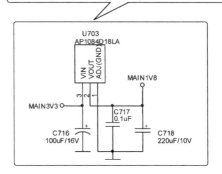

这是5V/3.3V变换电路，由三端稳压器G1084-33T43UF完成电压变换。这个3.3V提供给伴音处理器U603。

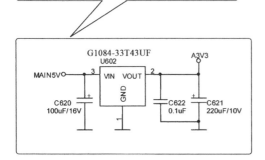

这是3.3V/1.8V变换电路，由三端稳压器AP1117D18LA完成电压变换。这个1.8V提供给伴音处理器U603。

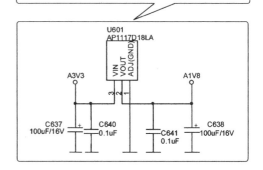

这是12V/5V变换电路，由三端稳压器AP1117D50LA完成电压变换。输出的+5V电压主要作为中频电路的供电电压。

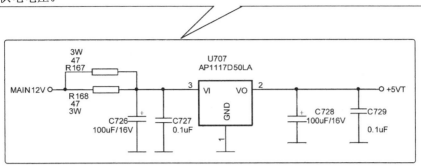

这是12V/30V变换电路，由开关稳压器MC34063A完成电压变换。输出的+30V电压作为调谐器的供电电压。这个电路属开关式DC/DC电路，而前面所介绍的7个电路均属直流式DC/DC电路。

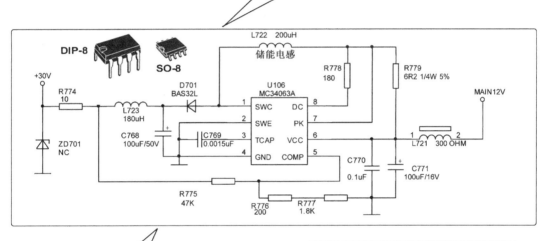

徒弟：师傅，这个电路的工作过程是怎样的？
师傅：当MC34063A得到12V供电后，内部振荡器工作，产生脉冲电压，最终使内部开关管进入开关工作状态。在开关管饱和期间，L722储存能量；在开关管截止期间，L722释放能量，产生左正右负的自感电压，该电压与12V电压叠加后经D701对C768充电，使C768上的电压提升至30V，并经L723、R774送至调谐器，作为调谐器的供电电压。
稳压过程是这样的：当输出的30V电压上升时，5脚电压也上升，经内部电路调节后，使开关管饱和时间缩短，输出电压下降。

师傅：这是MC34063A的内部框图。

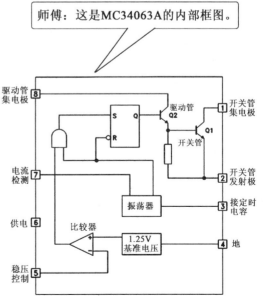

第25日　主板故障检修

师傅：主板检修是检修液晶电视机的难点所在，说起主板检修，许多维修人员感到头痛，总觉得无从下手，其实这是不了解液晶电视机的故障特点所造成的。从某种角度上讲，检修液晶电视机比检修CRT电视机的难度还要小，这是因为液晶电视机的主板上没有大量的电阻和电容存在，因电阻变值或电容质量下降而引起的一些软性故障在液晶电视机中很少出现。液晶电视机的故障主要体现在供电、复位、时钟、芯片损坏等方面。在检修过程中，只要运用正确的思路和方法，就能很容易地判断出故障所在。

一、检修液晶电视机应注意的事项

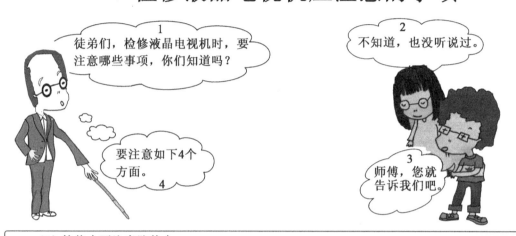

（1）检修中要注意防静电。

主板上的芯片都是静电敏感器件，很容易被静电击穿。若在检修过程中不注意防静电处理，则人体静电就会引到主板，严重威胁主板的安全。

（2）不要对液晶屏内部进行拆卸。

液晶屏是一个完整的整体，其内部包含许多防静电排线、精密元器件、液晶模组、精密光学部件等。内部必须保持高度清洁，不允许有任何杂质。在检修过程中，若随意对液晶屏内部进行拆卸，则很容易引入杂质和静电，使液晶屏在不知不觉中损坏，造成损失。

（3）更换主板或液晶屏时，一定要与原型号一致。

目前市场上销售同一规格型号的液晶电视机中，可能用了不同厂家、不同型号的液晶屏。在液晶电视机中，由于技术参数的原因，液晶屏厂家型号不同，不仅屏供电电压有差异，而且主板与屏的接口及驱动软件也不一样，所以无法安装。屏供电电压是由主板提供的，如果主板提供的电压与屏要求的电压不一致，就会造成屏损坏。因此，更换主板或液晶屏时，最好与原型号一致。

（4）注意保护液晶屏。

在检修过程中，要确保屏幕不受尖锐、锋利物品的划刺，以及要确保液晶屏部分不要受压，过度的压力会导致液晶屏永久性损坏。

在清洁液晶屏前，应关闭主电源，使用柔软、非纤维材料的防静电软布清洁。可以使用液晶屏专用的清洁剂擦拭，切勿使用有腐蚀性的清洁剂。另外请不要直接将清洁剂喷洒到屏幕表面，以防止清洁剂进入液晶屏内部而造成短路。清洁完毕，必须等到屏幕完全干燥之后才能通电。

二、如何快速提高检修技能

师傅，液晶电视机的市场拥有量很大，维修量也很大，我想快速提高检修技能，请问有没有捷径？

捷径虽然没有，但方法还是有的。要想快速提高检修技能，首先得做到如下几点。

（1）弄清检修液晶电视机与检修CRT电视机的异同点。

相同点：就整机信号处理而言，液晶电视机在很多方面和CRT电视机相同，如高频处理电路、中频处理电路、模拟视频处理电路、伴音处理电路、系统控制电路等，均与CRT电视机相同，对这些电路的检修完全可以采用CRT电视机的检修方法进行。

相似点：CRT电视机通过显像管显示图像，液晶电视机通过液晶屏显示图像。CRT电视机中的显像管是否点亮，只与显像管本身和行输出电路有关，与信号处理电路无关。同理，液晶电视机的液晶屏是否点亮，也只与液晶屏本身和逆变器有关，与信号处理电路无关。

不同点：数字处理部分是液晶电视机与CRT电视机的不同之处，这部分电路出现故障时往往具有自身的特点，不能用CRT电视机的维修理念进行判断。

（2）多收集组件接口的参考数据。

在检修CRT电视机时，要求多收集集成块的引脚电压和对地电阻数据，这些数据对分析故障很有帮助。同理，检修液晶电视机故障时也要收集数据，液晶电视机为组件结构，维修者应多收集组件接口的参考数据，这样在检修时通过测量组件接口的相关数据即可判断故障范围。组件接口的参考数据包括接口电压和对地电阻，尤其是接口电压非常重要。液晶电视机各部分电路之间通过接口连接，各组件接口的直流或信号脉冲电压直接反映了组件的工作状态，通过检测接口电压和对地电阻很容易发现问题。如果平时不注意收集各组件接口的正常工作电压和对地电阻，则在检修故障时，会因无参考数据而增加维修的难度，甚至造成故障无法修复的后果。

（3）根据故障现象，结合电路原理进行故障分析。

液晶电视机的很多故障是可以根据故障现象来确定故障部位的，液晶电视机的故障不是孤立的，每一种故障现象必然与相关电路有密切关系，在实际检修过程中，只要掌握了各部分电路的作用及该部分电路分布在哪个组件上，就很容易确定故障范围。例如，机器出现彩色不稳定故障，由于色度信号处理电路设计在主板上，所以应当判定彩色不稳定故障在主板上，并且在主板的视频信号处理电路上。也许你们会问，难道逻辑板和液晶屏就不会引起彩色不稳的现象吗？我的回答是绝对不会。因为逻辑板处理的是数字信号，当逻辑板出问题时，只会发生数字信号丢失或数字信号紊乱等情况，不会单一引起彩色方面的故障；至于液晶屏就更不会引起这种现象了。

（4）要准备好相应的仪表及维修工具。

如果要对液晶电视机主板进行检修，最好配备一台频率较高的示波器（100MHz以上）和数字万用表，通过示波器对输入和输出信号波形的测量和数字万用表对相关电压的检测，能对故障部位进行准确锁定。工具方面包含防静电烙铁、防静电手环、放大镜等。

三、主板故障的判断方法

人类进入液晶时代了。

（1）二次开机后，检查主板是否输出了开机指令至电源板。若未输出开机指令，说明主板有问题。
（2）二次开机后，检查主板是否输出了屏电源至逻辑板。若未输出屏电源，说明主板有问题。
（3）二次开机后，检查主板是否输出了背光开启指令至逆变器。若未输出背光开启指令，说明主板有问题。
（4）若出现图、声、光异常，检查上述情况均正常，而检查上屏接口的相应电压和波形均异常时，说明主板有问题。

要判断主板是否有问题，可以采用这些方法。

师傅，如何判断主板是否有故障？

徒弟：当知道主板有故障后，如何进一步判断故障范围？
师傅：要做到四个充分。
（1）充分利用信号源来判断故障范围。
液晶电视机一般允许多种信号源输入，如TV信号源、AV信号源、YUV（YPbPr)信号源、S端子信号源、VGA信号源，另外还有HDMI信号源和DVI信号源等。每种信号源都有自己的独立电路，所有信号源又会通过一些公共电路，所以充分利用这些信号源有助于维修者缩小故障范围。
（2）充分利用供电电压来判断故障范围。
主板需要多种供电电压，这些电压大多是由DC/DC电路产生的。其中的任何一种供电电压不正常，均会导致主板工作不正常。因此，通过测量各种供电电压是否正常，有时也能帮助检修者确定故障范围，甚至排除故障。
（3）充分利用时钟信号来判断故障范围。
在工作时主板上的数字芯片都需要时钟信号，时钟信号可以由芯片自带的时钟振荡器产生，也可以由其他芯片提供。利用示波器可以方便地测量出时钟信号是否正常，进而判断故障是否因时钟信号引起。
（4）充分利用复位电路来判断故障范围。
主板上的数字芯片都必须由相应的复位电路进行复位，只有正常复位后，芯片才能工作。因此，当主板出现故障时，通过对各芯片的复位电路进行检查，有助于明确故障性质，甚至找到故障部位。

四、主板的关键检测点

徒弟：师傅，是哪八大关键检测点，快点告诉我们吧。
师傅：这八大关键检测点分别是：(1)开机/待机控制电压；(2)主板的各种供电电压；(3)屏电源电压及其开/关控制电压；(4)逆变器开/关控制电压；(5)时钟信号；(6)复位电压；(7)I^2C总线电压；(8)LVDS信号。

怎样检测开机/待机控制电压？

先找到CPU的开机/待机控制引脚，通电后测该引脚电压，二次开机后再测该引脚电压，看电压是否发生跳变。若跳变，说明CPU输出正常；否则说明CPU不能输出开机/待机控制电压。在这种情况下，主板是不能转入正常工作状态的。

徒弟：若CPU输出的开机/待机控制电压正常，是不是说明开机/待机控制没有问题？
师傅：那不见得，还要看开机/待机控制电压是否送到了相关电路。例如，前面分析过的长虹LT32510电视机，CPU输出的开机/待机控制电压要送到Q701和Q708，以接通12V和5V电源（参考第24日的有关内容）。若开机/待机控制电压在传输过程中出现问题，主板就不能转入正常工作状态，因此还需对开机/待机控制电压进行追踪检测。

徒弟：师傅，怎样检测主板的各种供电电压？
师傅：这个简单。在电源板输出正常电压的前提下，只要检测主板上的各个DC/DC电路，看它们能否输出相应电压即可。若某个DC/DC电路不能输出相应电压，就得重点检查这个电路。

师傅，怎样检测屏电源电压及其开/关控制电压？

先找到CPU的屏供电控制引脚，通电后测该引脚电压，二次开机后再测该引脚电压，看电压能否跳变。若能跳变，说明CPU输出正常；接着找到屏供电电路，并测量输出电压，在待机时，电压应为0V，开机后，电压应为12V或5V。

师傅：为了说明这个测量过程，不妨举个例子。例如，长虹LT32510电视机，其CPU的18脚为屏供电控制引脚，输出的控制电压经Q705倒相后送至Q706的4脚，控制Q706的导通与否，进而控制5V屏电源的输出与否。

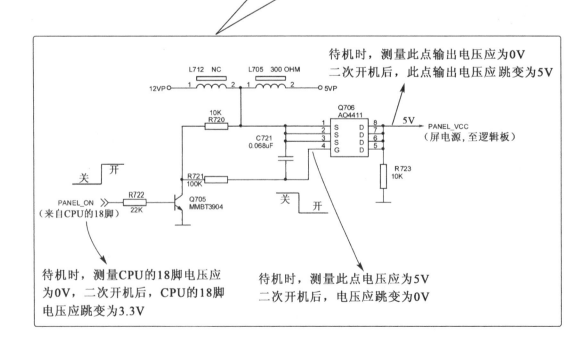

徒弟：师傅，怎样检测逆变器开/关控制电压？

师傅：这个简单，首先找到主板与电源板的连接插口，再从这个插口中找到逆变器开/关控制引脚，然后测量该引脚电压，如果机器从待机状态转为开机状态时，该引脚电压能够跳变，说明主板能够输出逆变器开/关控制电压；否则，说明主板不能输出逆变器开/关控制电压。此时，逆变器总处于关闭状态，屏幕不能点亮。接着对逆变器开/关控制电压的来源进行检查，一般来说，逆变器开/关控制电压是由CPU或平板图像处理器输出的，因此必须从CPU或平板图像处理器上找到这个控制引脚，并测量这个引脚在待机和开机状态下的电压，若能跳变，说明正常，否则，说明不正常。

师傅：下面举例来说明。这是长虹LT32510电视机的逆变器开/关控制电路，通过检测CN702的1脚电压，就可知道主板有无输出逆变器开/关控制电压。如果开机后，1脚为0V，说明主板未输出逆变器开/关控制电压。此时通过检测NT7263的23脚电压即可知道故障部位，如果23脚也为0V，说明故障在NT7263，如果23脚为3.3V，说明故障在23脚与CN702的1脚之间的路径上。

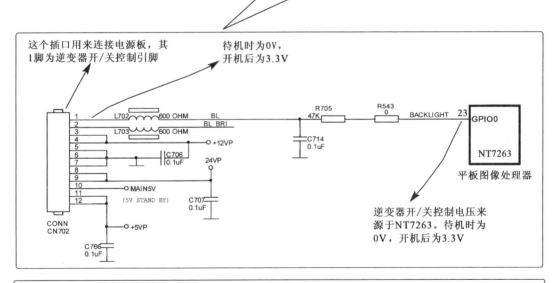

徒弟：师傅，怎样检测复位电压？

师傅：液晶电视机主板上的数字芯片在开机后的瞬间需要进行复位操作，绝大多数芯片采用低电平复位方式，复位完毕，复位端子保持高电平。当测得复位端子的电压为低电平时（低于2V），说明复位过程一定有问题，此时可通过断开复位端与外部的联系来进一步查证。若断开复位端后，复位电路输出的电压正常了(约3V)，则说明故障出在芯片内部，应更换芯片；若电压仍较低，则应查复位电路本身。

徒弟：师傅，怎样检测时钟信号？

师傅：检测时钟信号时，最好使用示波器。直接测量时钟振荡端波形，若正常，说明时钟振荡电路无问题；若波形不正常或无波形，说明振荡电路有问题。振荡电路问题大多是由晶振引起的，可用优质晶振替换试试，若仍未解决问题，就应更换芯片。

师傅，怎样检测I^2C总线电压？

我也想知道。

I^2C总线包含两根线，即SDA线和SCL线，这两根线的电压非常接近且均为高电平。首先找到CPU和平板图像处理器（SCALER），对这两个芯片的I^2C总线进行测量，其正常电压应为2~3V。再对其他芯片的I^2C总线进行测量，看电压是否正常。值得注意的是，当芯片采用3.3V供电时，I^2C总线电压为2~3V，当芯片采用5V供电时，I^2C总线电压为3~5V。另外当芯片上有几组I^2C总线时，每一组总线都要测量。

师傅，如何检测LVDS信号是否正常？

对LVDS信号的检测需借助示波器，通过示波器可以非常直观地观察到LVDS信号的波形，使维修者可以轻而易举地判断出LVDS信号是否正常。在无示波器的情况下，也可通过测量电压来粗略判断LVDS信号是否正常，若测得的每个LVDS信号电压均在1.2V左右，时钟信号在1.3V左右，则说明基本正常。若电视机有图像模式选择功能，则可一边测电压，一边反复按压"图像模式"键，观察电压有无变动，若变动，说明正常，否则说明不正常。

五、主板常见故障的检修

主板有如下几种常见的故障:
(1) 不能二次开机。
(2) 二次开机后,屏幕不亮。
(3) 无图像。
(4) 图像异常(如花屏、撕裂等)。

怎样检修这几种故障?

师傅:对于不能二次开机的故障,应着重检查主板上的CPU是否输出了开机电压。若CPU未输出开机电压,说明CPU工作不正常,应对CPU的供电、复位、时钟及I^2C总线电路进行检查。若CPU能正常输出开机电压,说明CPU工作正常,此时可根据开机电压的传输路径对受控电路逐一进行检查。

师傅:对于二次开机后屏幕不亮(又称黑屏)的故障,一般是由于背光灯不亮造成的,原因有两点。一是逆变器自身不正常造成的,故障在逆变器;二是主板未能输出逆变器开启指令,致使逆变器不工作。检修时,可先检查逆变器是否获得了开启指令,若获得了开启指令,说明故障在逆变器;若未获得开启指令,说明故障在主板,此时应仔细检查指令传输路径。

师傅:对于无图像的故障,应充分利用信号源来判断故障范围。若所有信号源均无图像,说明故障在公共电路上。此时应检查主板与逻辑板之间的连接是否良好、主板是否输出了正常的供电电压给逻辑板、主板是否有正常的LVDS信号提供给逻辑板。若主板能提供正常的供电电压和LVDS信号给逻辑板,说明主板正常,故障应在逻辑板或液晶屏。若主板不能提供正常的供电电压和LVDS信号给逻辑板,说明故障在主板,此时可对平板图像处理器的供电、复位、时钟等电路进行检查,若未发现异常,可更换平板图像处理器或更换主板。

师傅:对于图像异常故障,应检查平板图像处理器与其外部SDRAM之间的通信是否良好,以及SDRAM是否良好。

第26日 逻 辑 板

一、逻辑板电路结构框图

师傅：当前的电视图像信号是通过电子扫描产生的，它本来只适用CRT（显像管）显示，显示时，像素按照扫描顺序（即时间顺序）一个一个地着屏，最后合成一幅幅完整的画面。而液晶屏显示图像时，要求像素一行一行地着屏，最后合成一幅幅完整的画面。由此可知，当前电视图像像素传送顺序与液晶屏的显示顺序是不匹配的，为此，只有使用电路来对电视图像像素传送顺序进行重新编排，使像素逐个着屏的图像信号转换为像素逐行着屏的图像信号，才能满足液晶屏的显示要求，以及才能在液晶屏上再现图像。这个对像素传送顺序进行重新编排的电路就叫时序处理电路或叫时序控制电路，简称T-CON电路（T-CON是Timer-Control的缩写）。时序处理电路安装在一块小电路板上，通常称这块电路板为逻辑板或驱动板，它常与液晶屏绑定，是液晶屏组件的附属电路。瞧，这就是逻辑板的电路结构框图（虚线内的电路）。

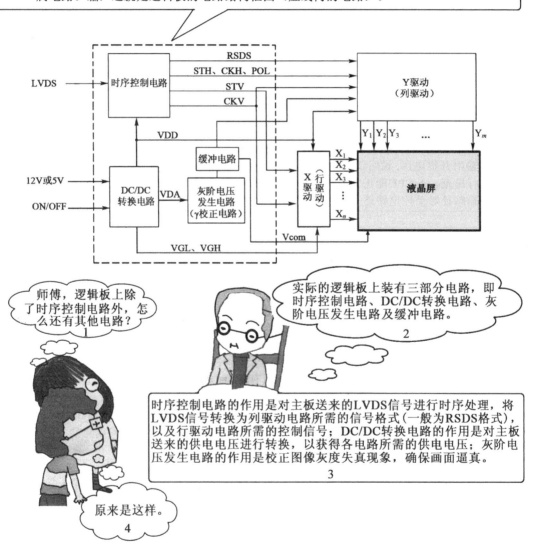

1. 师傅，逻辑板上除了时序控制电路外，怎么还有其他电路？

2. 实际的逻辑板上装有三部分电路，即时序控制电路、DC/DC转换电路、灰阶电压发生电路及缓冲电路。

3. 时序控制电路的作用是对主板送来的LVDS信号进行时序处理，将LVDS信号转换为列驱动电路所需的信号格式（一般为RSDS格式），以及行驱动电路所需的控制信号；DC/DC转换电路的作用是对主板送来的供电电压进行转换，以获得各电路所需的供电电压；灰阶电压发生电路的作用是校正图像灰度失真现象，确保画面逼真。

4. 原来是这样。

二、逻辑板上各电路介绍

接下来我给大家介绍一下逻辑板上的各个电路，通过介绍后，相信你们定能进一步认识逻辑板。

既然如此，可得认真听啊！现在，我就从时序控制电路开始进行讲解。

求之不得。

我也想进一步了解逻辑板。

时序控制电路是整个逻辑板的核心电路，它由一块时序控制芯片和CPU构成（若时序控制芯片内部有CPU，则外部CPU可省）。该电路把主板送来的LVDS信号经过时序转换，产生RSDS图像数据信号，以及行/列驱动电路所需的STV、CKV、STH、CKH、POL等各种控制信号，如下图所示。

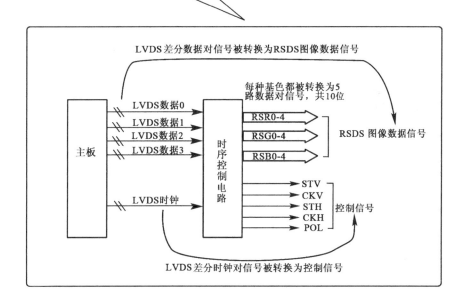

师傅：LVDS信号包括4组差分数据对信号（对应图像RGB三基色信号）和1组差分时钟对信号（对应行、场同步信号及时钟信号），这些信号进入时序控制电路后，4组差分数据对信号被转换成RSDS图像数据信号，差分时钟对信号被转换成STV、CKV、STH、CKH、POL等控制信号。不同的屏，其转换计算方法是不同的，主要由软件来进行控制。

徒弟：师傅，我对RSDS信号十分陌生，能否解释一下？

师傅：好的。

RSDS是英文"Reduced Swing Differential Signaling"的缩写，即低摆幅差分信号，RSDS使用约±200mV低压差分摆幅。RSDS和LVDS相似，都是低压差分信号，都有很高的传输率及很强的抗干扰能力，但它们的使用方式却截然不同。采用LVDS接口的系统应用于图像信号处理电路和时序控制电路之间，而采用RSDS接口的系统应用于时序控制电路与液晶屏列驱动电路之间。这是因为LVDS的传输为连续电流驱动，而RSDS的传输为可变电流驱动，两者相比，RSDS具有更小的传输功率、更强的电磁辐射，以及更适合液晶屏驱动电路数字图像处理的传输率。而从传输内容上看，LVDS信号中包含了RGB数据信号和行、场同步信号，而RSDS信号中只含有RGB数据信号。目前液晶屏的列电极数据信号大多采用RSDS信号进行输入。

师傅：RSDS系统具有缩放功能，能够支持每种基色数据的宽度为6~10位。6位主要用于笔记本电脑和行数中等的显示器，8位用于行数较高的显示器，10位用于液晶电视机。当采用10位宽度时，每种基色数据包含5路数据对信号（共10路数据信号）。

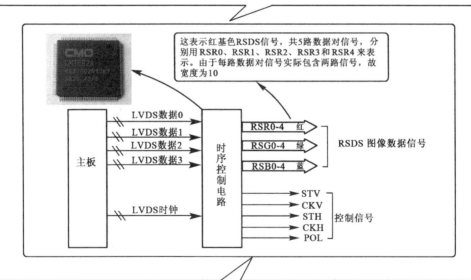

这表示红基色RSDS信号，共5路数据对信号，分别用RSR0、RSR1、RSR2、RSR3和RSR4来表示。由于每路数据对信号实际包含两路信号，故宽度为10

徒弟：时序控制电路输出的5路控制信号是何意思？有何作用？
师傅：STV——栅极驱动电路的垂直位移起始脉冲信号。
　　　CKV——栅极驱动电路的垂直位移触发时钟信号。
　　　STH——源极驱动电路的水平位移起始脉冲信号。
　　　CKH——源极驱动电路的水平位移触发时钟信号。
　　　POL——极性翻转控制信号（控制一个像素点相邻场信号的极性翻转180°，以便满足液晶分子交流驱动的要求）。
这5路控制信号非常重要，它们送到行/列驱动电路，控制显示逻辑，确保显示逻辑正确。

师傅,现在介绍一下灰阶电压发生电路吧!

好的,灰阶电压发生电路又称γ校正电路,它是为了校正液晶屏的灰度失真(畸变)而设置的。

RSDS信号送入列驱动电路后,列驱动电路会将它转换成幅值变化的像素信号电压,并加到列电极(Y电极)上。对于液晶屏来说,像素显示亮度与像素信号电压之间的关系是非线性的,如下图所示(是一个类似S形的曲线)。

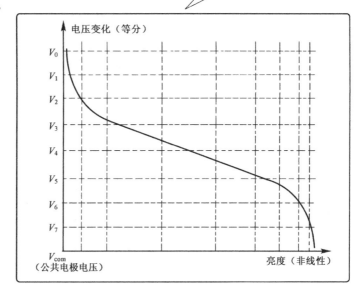

师傅:由图可以看出,当电压等分变化时,屏幕亮度并不等分变化,而是中间变化快,两头变化慢。在图像信号电压低亮度和高亮度时,即使信号电压幅值发生了较大变化,显示的图像亮度变化却较小,这样会使高亮度区和低亮度区的图像层次(即灰度等级)变差,引起图像灰度产生严重畸变(失真),必须予以校正。因此,在逻辑板上增添了灰阶电压发生电路,该电路采用一系列幅值变化不成比例的预失真电压,对失真曲线进行校正。这一系列的电压称为灰阶电压(又称γ校正电压)。灰阶电压经过缓冲电路后,进入液晶屏列驱动集成电路,在列驱动集成电路内部,根据像素信号的亮度情况,灰阶电压对其进行相应的补偿,使得加到液晶屏内部TFT源极的像素驱动信号进行预校正,从而完成图像显示的γ校正。

徒弟:师傅,对于γ校正的原因及γ校正电路的作用我们基本清楚了,现在我想知道γ校正电压是怎样产生的?

师傅:γ校正电压的产生过程并不复杂,我简单给大家介绍一下。

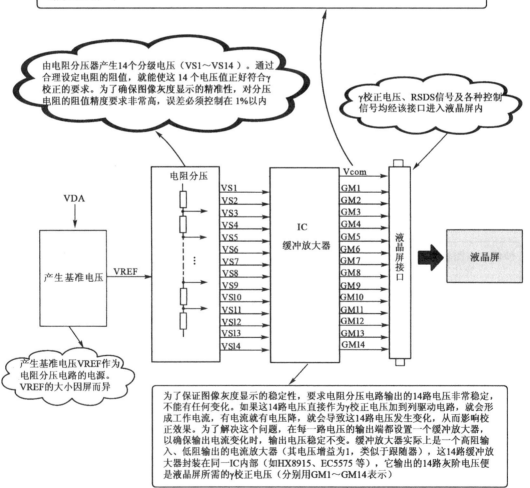

徒弟：师傅，γ校正电路弄清了，现在可以给我们介绍DC/DC转换电路了。
师傅：好的。液晶屏逻辑板是一个独立系统，为了保证该系统能稳定工作，在逻辑板上，专门设置了一个DC/DC转换电路，它实际上就是一个独立的开关电源，该开关电源把主板送来的5V或12V电源，经过DC/DC转换，产生逻辑板工作时所需的VDD、VDA、VGL、VGH等电压。由于供电电路的工作特性，DC/DC转换电路是逻辑板上故障率最高的电路，该电路出现故障，会导致各种奇特的故障现象，所以在维修逻辑板时，DC/DC转换电路是首要检查对象。

徒弟：VDD、VDA、VGL、VGH这四个电压有何作用？
师傅：VDD主要用来给时序控制电路、液晶屏内行/列驱动电路供电（一般为1.8～3.3V），若该电压不正常，则会无图像显示；VDA主要给γ校正电路提供工作电压，包括给芯片供电、产生γ校正所需的VREF、Vcom电压等，VDA的大小一般为9～16V。若该电压不正常，会出现图像灰度异常的故障；VGH是液晶屏行电极驱动开门控制电压，其大小一般为18～24V；VGL是液晶屏行电极驱动关门控制电压，它是一个负电压，一般为-5～-6V。注意，不同的逻辑板，上述几个电压是不一样的。

徒弟：DC/DC转换电路的结构形式及工作过程是怎样的？
师傅：既然DC/DC转换电路就是一个独立的开关电源，说明它的工作情况同普通开关电源。在实际应用中，VDA和VDD采用开关电源来实现，而VGH和VGL采用泵电源来实现，整个电路结构比较简单，参考下图就明白了。

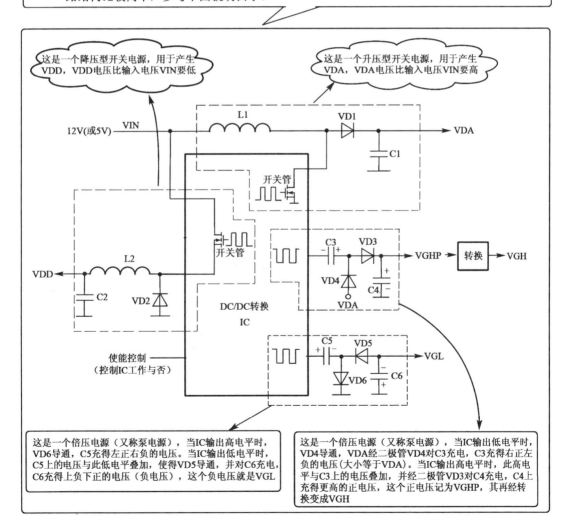

三、逻辑板实物介绍

师傅：这是奇美V315B3-C04型逻辑板，是专为奇美公司32in液晶面板设计的，广泛用于海信TLM32E58、TLM32V68、TLM32V88及创维32L01HM等型号的液晶电视机中。

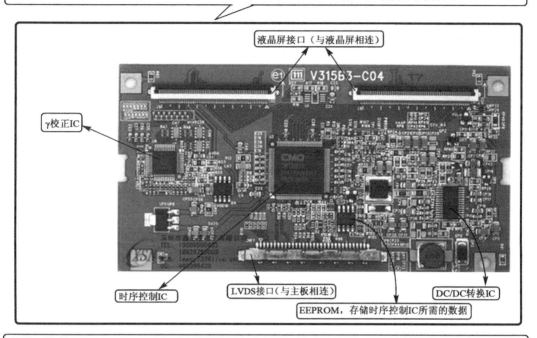

师傅：这是LC370WX1/LC320W01型逻辑板，广泛用于海信、创维、LG等品牌的液晶电视机中。

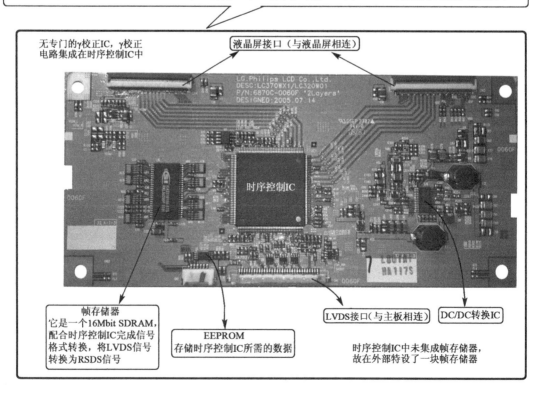

四、逻辑板的故障检修

徒弟：逻辑板出故障时，其故障现象是怎样的？

师傅：逻辑板出故障时，液晶屏上会出现一些特殊的故障画面，如花屏、图像缺损、图像灰度失真、图像撕裂、图像忽亮忽暗、图像左右颠倒、图像暗淡、白屏、满屏竖条、负像、图像上有噪波点等。这里列出几种，供你们参考。

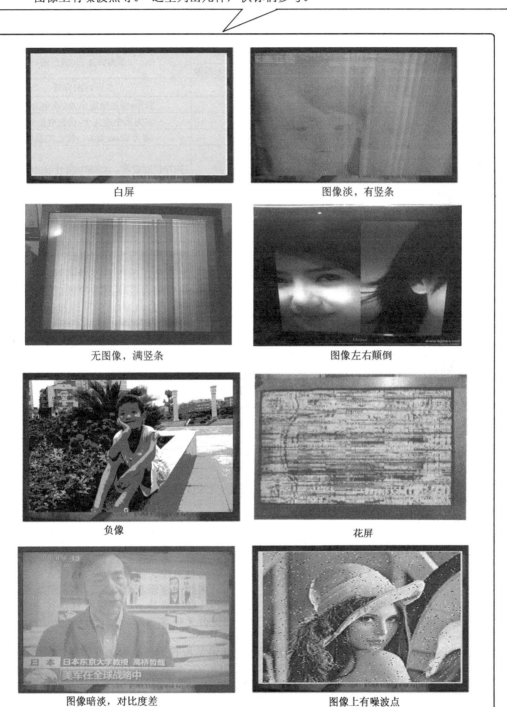

徒弟：师傅，逻辑板所引起的故障现象与故障部位之间有无对应关系？
师傅：存在一定的对应关系，请参考下表。

部　位	故障现象	故障原因
DC/DC转换电路故障	①白屏（有声无图、背光亮）	多为VDD、VDA电压为0或过低
	②屏幕上出现彩色竖条（无图像）	多为VGH电压不正常
	③满屏竖条，夹杂着淡淡的图像，有时黑屏	
	④满屏竖条，无图像	多为VGL为0或过低
	⑤上部竖条并夹杂着图像，而下部竖条无图像	
	⑥图像暗淡，对比度差	多为VGH偏低
γ校正电路故障	①白屏	多为γ校正电压全为0或全为VREF
	②负像	多为某个或几个γ校正电压偏低
	③亮度偏高，负像	多为Vcom为0（γ校正IC损坏）
时序控制电路故障 接口不良故障	①花屏 ②图像撕裂 ③无图像 ④图像左右颠倒	时序控制错误、无RSDS信号输出或丢失部分RSDS信号

师傅，用什么方法判断逻辑板是否正常？1

逻辑板损坏，该怎样检修？3

可用数字万用表测量LVDS信号的直流电压或用示波器测量波形，如果发现直流电压被拉低或无波形，则应拔掉LVDS信号连接插座，再检测主板端的LVDS信号直流电压是否恢复正常，如恢复正常，可初步判定为逻辑板损坏。2

逻辑板出故障时，常从如下几个方面进行检修。
（1）检查逻辑板供电是否正常（根据液晶屏的不同有5V和12V两种供电电压）。
（2）检查逻辑板上芯片供电是否正常（3.3V、2.5V、1.8V等）。
（3）检查逻辑板上VDD、VDA、VGH、VGL、Vcom电压是否正常。
（4）检查逻辑板上LVDS接口和液晶屏接口是否正常。4

师傅：目前，对逻辑板检修有两种方式，一种为板级维修，另一种为芯片级维修。所谓板级维修是指在检修过程中，一旦判断出逻辑板有故障，就直接将其更换，而不做具体检修。板级维修是一种低级维修，对技术要求较低且方便、省时，每个维修人员都应掌握。所谓芯片级维修是指在检修过程中，一旦判断出逻辑板有故障，则对逻辑板上各电路进行进一步检修，最终找到故障元件。芯片级维修是一种高级维修，技术含量很高，维修成本较低，但费时劳心，有时还会徒劳无功。
徒弟：师傅，什么情况下采用板级维修？什么情况下采用芯片级维修？
师傅：我建议大家在检修时，只对DC/DC转换电路进行检查，若该电路有问题，则采用芯片级检修方式，找到故障元件，修复故障。若DC/DC转换电路正常，则直接更换逻辑板，不必对时序控制器和γ校正电路进行检查。

1 下表列出了部分液晶电视机逻辑板损坏后的故障现象,可供大家维修时参考。

大家一定要记住,检修逻辑板时,能修则修,若维修难度太大,干脆更换。2

3 知道了。

机　型	故障现象
海尔L32R1	图像上有色斑
海信TLM22V68	屏幕上部显示正常,下部为倒像。逻辑板与液晶屏之间通过软排线焊在一起,一般情况下应更换液晶屏组件
海信TLM40V68P	无图像,屏幕四周为蓝色光栅
海信TLM4236P	热机后出现花屏
乐华LCD32M09	图像对比度过大,不清晰(逻辑板型号为V315B1-L06)
三星LA32S71B	① 图像颜色不正常,但调出菜单后,菜单及后面图像的彩色正常。 ② 图像无层次,呈负像,类似于照相底片。 ③ 图像淡薄,无层次,不清晰(逻辑板型号为V315B1-C01)。 ④ 屏幕上有许多暗色竖条,图像背景偏红(逻辑板型号为V400H1-C01)
三星LA37R81BA	静止画面正常,活动画面拖尾、模糊
夏新LC-27HWT1	图像暗淡,无层次
夏新LC-32HWT3	静止画面正常,活动画面拖尾、模糊
长虹各型号	① 屏上出现间断竖线或横线。 ② 彩色图像上出现局部颜色不正常。 ③ 有伴音、无图像。 ④ 图像上出现点状干扰。 ⑤ 图像的灰度等级不正常。 ⑥ 图像无层次,呈负像,类似于照相底片。 ⑦ 图像撕裂不全

师傅:我还要特别提醒大家,逻辑板输出的各种信号及电压还要送到液晶屏内的行/列驱动电路,由行/列驱动电路进一步处理,当行/列驱动电路出现故障时,有时也会出现与逻辑板相同的故障现象。因此当更换逻辑板后,故障仍未排除,就说明液晶屏已坏(行或列驱动电路损坏),应更换液晶屏。

第27日 总线调整

师傅，液晶电视机也需要进行总线调整吗？ 1

是的，液晶电视机也采用I²C总线控制方式，绝大多数控制任务是由总线来完成的。在维修过程中，有时也需要对总线数据进行适当调整。 2

3 总线调整也需要在维修模式下进行吗？

是的，与CRT电视机一样，液晶电视机也有正常模式和维修模式。在正常模式下，用户可以通过遥控器和本机键盘对机器进行操控，但无法触及调整项目，只有进入维修模式后，才能对相关调整项目进行调整。 4

一、总线调整举例

师傅：为了说明液晶电视机的总线调整过程，这里不妨以海尔MST6M69FL机芯和创维SP702机芯为例来介绍。

1. 海尔MST6M69FL机芯

依次按遥控器上的"MENU"、"8"、"8"、"9"、"3"键进入维修模式，屏幕显示工厂菜单。调整完毕，按"MENU"键，即可退出维修模式。在维修模式下，按"上/下"键可选择项目，按"确认"或"向右"键进入子菜单，按"MENU"键返回上一级菜单。

工厂菜单 →	Factory Menu	
输入信号源 →	Input Source	TV
白平衡调整 →	White Balance	->
ADC调整 →	ADC Setting	->
其他设置 →	Other Setting	->
视频模式调整 →	Video Quality	->
图声曲线调整 →	NLC_CURVE	->
USB升级 →	USB Download	->
软件号 →	58058	
软件日期 →	2009-10-17	
软件版本 →	L-M6M69FL-LG55-DSMB	

工厂菜单

师傅：下面对各项目的含义进行说明。

（1）Input Source项目：工厂菜单中快速切换信号源。
选项为TV、AV1、AV2、S-Video、YPbPr/YCbCr、HDMI、PC。该项目显示当前信号源，不可调整。
（2）White Balance（白平衡调整）：进入该项目后，会出现白平衡调整子菜单，见下图。

```
White Balance
Input Source        TV
Color Mode          Standard
Red.Gain            128
Green.Gain          128
Blue.Gain           128
Red.Offset          0
Green.Offset        0
Blue.Offset         0
Save to EEPROM
```

注："Color Mode"项表示彩色模式选择，有Standard、6500K、7300K、8500K、9300K、User 共6项可选。
"Red.Gain"、"Green.Gain"、"Blue.Gain"项分别为红、绿、蓝增益调整，数据范围为0~255。
"Red.Offset"、"Green.Offset"、"Blue.Offset"项分别为红、绿、蓝暗平衡调整，数据范围为-50~50。
"Save to EEPROM"项表示白平衡调整完毕后需要执行一下"Save to EEPROM"，以将新数据保存下来。

（3）ADC Setting（ADC调整）：进入该项目后，屏幕上出现ADC调整子菜单，此项只在PC和YPbPr下需要执行ADC Auto，而无须调整。

```
ADC Setting
Input Source        PC
ADC-R-Slope         111
ADC-G-Slope         109
ADC-B-Slope         109
ADC-R-DC            137
ADC-G-DC            129
ADC-B-DC            141
ADC Auto
```

(4) Other Setting（其他设置）：进入该项后，屏幕显示其他设置子菜单，如下图所示。

```
Other Setting
Power On Mode        On
AGING                On
INIT EEPROM
Debug Mode           Off
Bus Off              Off
Init TV Channel
BackLight            220
IF AGC               16
EG Demo Mode         Off
Curtain              On
DSMB                 On
```

注：① "Power On Mode" 项表示通电后的开机模式，默认为 "On"，出厂时设为 "Off"。"On" 表示通电后直接开机；"Memory" 表示通电后记忆上次断电前的状态；"Off" 表示通电后处于待机状态。

② "AGING" 项表示老化模式，为 "On" 时无信号也不待机，通电时直接开机；为 "Off" 时无信号15分钟自动待机。此项为 "On" 时，调整 "Power On Mode" 项不起作用。默认为 "On"，出厂时设为 "Off"。

③ "INIT EEPROM" 项表示初始化EEPROM，将工厂菜单和用户菜单设置值恢复为默认状态。

④ "Debug Mode" 项表示Debug开关，为 "Off" 时允许 Debug，为 "On" 时不允许 Debug。默认为 "Off"。此项不允许改动。

⑤ "Bus Off" 项表示释放总线开关，为 "Off" 时不起作用，为 "On" 时释放总线。默认为 "Off"。

⑥ "Init TV Channel" 项表示将工厂信号频点预置到EEPROM中，退出工厂菜单再换台时会重新刷新预置进去的频点。

⑦ "BackLight" 项表示背光亮度控制，范围为0~255。此项不允许改动。

⑧ "IF AGC" 项表示中放AGC调整。此项不允许改动。

⑨ "EG Demo Mode" 项表示商场演示模式，出厂默认为 "Off"。

⑩ "Curtain" 项表示拉幕开关机设置。设为 "On" 时，功能菜单中有拉幕选项；设为 "Off" 时，功能菜单中无拉幕选项。默认为 "On"。

⑪ "DSMB" 项表示DSMB接口功能开关。设为 "On" 时，支持DSMB相关功能；设为 "Off" 时，该功能关掉。默认为 "On"。

(5) Video Quality（视频模式调整）：进入该项后，屏幕显示视频模式调整子菜单，如下图所示。

```
Video Quality
Input Source        PC
Picture Mode        Standard
Contrast            50
Brightness          50
Sharpness           50
Chroma              50
Save to  EEPROM
```

注：① "Input Source"项表示当前调整的信号源，不可调整。
② "Picture Mode"项表示图像模式，共有"Standard"、"Bright"、"Soft"、"User"、"Eye Guard"5项可选。选中相应项后，再调整下面"Contrast"、"Brightness"、"Sharpness"、"Chroma"4个项目的值，便可改变菜单中显示的具体数值和效果。
③ "Save to EEPROM"项表示调整完毕后需要执行一下 Save to EEPROM，以保存新数据。

(6) NLC_CURVE（亮度曲线、对比度曲线、色度曲线、清晰度曲线、声音曲线调整），进入该项后，屏幕显示如下。

```
NLC_CURVE
Brighness         ->
Contrast          ->
Chroma            ->
Sharpness         ->
Volume            ->
```

```
Brightness NLC_CURVE
Input Source       PC
Brighness0         0
Brighness1         80
Brighness2         128
Brighness3         153
Brighness4         190
```

注：选中并进入"Brighness"项后，屏幕显示如上图所示，其中"Brighness0"代表实际亮度为 0 的情况，"Brighness1"代表实际亮度为 25 的情况，"Brighness2"代表实际亮度为 50 的情况，"Brighness3"代表实际亮度为 75 的情况，"Brighness4"代表实际亮度为 100 的情况。同理，选中并进入"Contrast"、"Chroma"、"Sharpness"和"Volume"后，可调整对比度曲线、色度曲线、清晰度曲线和声音曲线，情况同亮度曲线。在维修过程中，建议不要改变上述数据。

（7）USB Download（USB升级项）：选中该项后，就能通过USB升级软件。升级方法为：将最新软件命名为 AP.Bin 后，复制到U盘的根目录下。拔掉信号线，插上有最新软件的U盘，进入工厂菜单中选中"USB Download"项，按"确认"键或"向右"键执行USB升级操作，此时，此项后面会提示"please wait…"，升级完成后电视会自动待机重启。 如果U盘中没有 AP.Bin 文件或没有插入U盘，则执行此项操作时会提示"Please Plug In USB Disk"，以提醒用户。

2. 创维SP702机芯

师傅：接下来再介绍一下创维SP702机芯的总线调整过程。

（1）开机后，先按遥控器上的"INPUT"键，接着按数字键"3"、"1"、"3"、"8"，即可进入工厂模式（维修模式）。调整完毕，按电源键关掉电视机，即可退出工厂模式。进入工厂模式后，工厂菜单显示如下。

调试项	调试内容	调试方法	备注
SYSTEM SETTING	系统设置	"＞"进入子菜单	
CLEAR EEPROM	清空 EEPROM	"＜"键	
AGING MODE	老化开关	"＞"、"＜"键	
ADC ADJ	ADC 校正	"＞"进入子菜单	YPBPR、PC下有效
PICTURE MODE	图像模式	"＞"进入子菜单	分通道调整、各通道下有STANDARA、SOFT、VIVID、USER
SOUND MODE	声音模式	"＞"进入子菜单	分通道调整、各通道下有THEATER、MUSIC、USER、NEWS
COLOR TEMP	色温	"＞"进入子菜单	分通道调整、各通道下有NORMAL、WARM、COLD
EEPROM ADJUST			
NON LINEAR			
MULTI-LANGUAGE	多国语言	"＞"进入子菜单	
SSC SETTING	频谱扩展设置	"＞"进入子菜单	为后续EMC参数调整预留
FACTORY IR	工厂遥控器开关	"＞"进入子菜单	
SOURCE	信号源切换	"＞"、"＜"键	选择信号源

（2）用遥控器上的"▲"和"▼"键进行调试项目的上、下选择，用"＞"和"＜"键进行调试。各调试项的内容如下。

SYSTEM SETTING

调 试 项	调 试 值	备 注
POWER MODE	开机模式	一、二次开机模式开关
LOGO	OFF	LOGO 开关
AGC	16	自动增益控制
USB	OFF	USB 开关
DVD	OFF	DVD 开关
BLACK SCREEN	ON	换台或换源黑屏开关
OSD SIZE	2TIMES	菜单大小
H-OVERSCAN	51	行幅
V-OVERSCAN	30	场幅
H-CAPTION	135	行中心
V-CAPTION	130	场中心
TURNOFFPANEL	OFF	换台或换信号源时，关闭屏电源
BACKLIGHT	40	背光调整

PICTURE MODE

调 试 项	调 试 值	备 注
SOURCE	TV	显示当前信号源
PICTURE MODE	USER	选择图像模式进行调整
CONTRAST	50	不需要调整
BRIGHTNESS	50	不需要调整
SATURATION	50	不需要调整
SHARPNESS	50	不需要调整

SOUND MODE

调 试 项	调 试 值	备 注
SOURCE	TV	显示当前信号源
SOUND MODE	NEWS	选择声音模式
BASS	30	不需要调整
TREBLE	40	不需要调整

COLOR TEMP

调 试 项	调 试 值	备 注
SOURCE	TV	显示当前信号源
COLOR TEMP	NORMAL	不需要调整
R GAIN	128	不需要调整
G GAIB	128	不需要调整
B GAIN	123	不需要调整
R OFF.	128	不需要调整
G OFF.	128	不需要调整
B OFF.	128	不需要调整

NON LINEAR

调 试 项	调 试 值	备 注
CONTRAST	对比度	不需要调整
BRIGHTNESS	亮度	不需要调整
SATURATION	饱和度	不需要调整
VOLUME	音量	不需要调整
BASS	低音	不需要调整
TREBLE	高音	不需要调整

二、进入维修模式的方法

> 师傅：这是长虹各机芯进入和退出维修模式的方法，可供大家参考。大家在日常学习中，要注意多收集这些方法，这对维修很有帮助。

机 芯	进入维修模式	退出维修模式
LS07	将音量减到0，按住遥控器"静音"键不放，再按本机"菜单"键	按"主/子画面交换"键
LS/PS08 LS/PS10	在主菜单的童锁项下依次输入"7"、"定点播放"、"9"、"标题"	遥控关机
LP/PP09	将音量减到0，依次按遥控器上的"静音"、"童锁（或演示）"、"菜单"	遥控关机
DLS04	按TV/AV键后，再快速依次按"2"、"5"、"8"、"0"四个数字键	遥控关机
LS/PS12 PS13	在主菜单的童锁项下依次输入"7"、"PIP图像"、"9"、"PIP节目-"	遥控关机
LS15 LS/PS20(A) PS22	将音量减为0，按住"静音"键3s不放，再按本机"菜单"键	遥控关机
LT16	在TV/AV菜单下，依次快速输入"7"、"演示"、"9"、"扫描"	遥控关机
LS19	将音量减为0，按住"静音"键6s不放，再按本机"菜单"键	遥控关机
LS23	依次按遥控器上的"静音"、"菜单"、"7"、"2"、"1"、"7"键	遥控关机
LT42510 LT52510	依次输入"0"、"6"、"2"、"5"、"9"、"6"、"显示"	遥控关机
LS26	在TV模式下顺序输入"静音"、"菜单"、"6"、"1"、"1"、"5"	遥控关机
LT32510	按"MENU"键，出现"User OSD"菜单，再依次按数字键"1"、"9"、"9"、"9"	遥控关机

第28日　软件升级

> 师傅：智能液晶电视机具有软件升级功能，其程序分为两部分，一部分是引导程序（Mboot），另一部分是主程序。当软件损坏时，机器会无法正常启动，此时需要对系统的软件进行升级。下面以康佳MSD6A918机芯和创维8M9X机芯为例谈谈软件升级方法。

一、康佳MSD6A918机芯的软件升级

1. ISP工具升级mboot

（1）打开ISP-Too-Einstein，选择eMMC烧写模式。

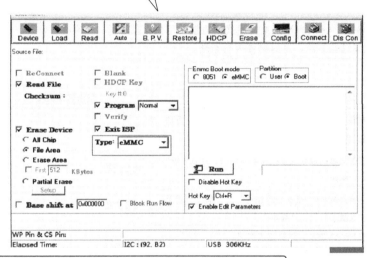

（2）单击"Read"按钮，选择rom_emmc_boot.bin，单击"EISP loader"按钮，选择muninn_EISP_boot.bin。

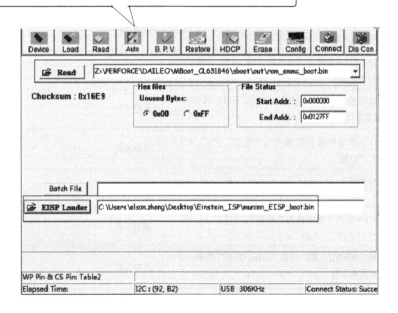

· 216 ·

(3) Partition选项选择"Boot"。

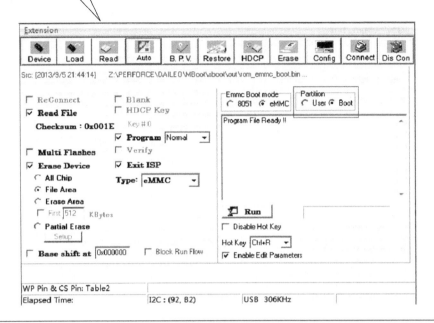

(4) 打开电视机（如果里面已经有Mboot程序了，那就需要在Mboot命令行<<MStar>>#下输入du命令），然后单击"Connect"按钮，出现图示小窗口提示"Device Type is eMMC"，表示连接成功，右下角会有Success字样显示。如果小窗口提示为"Can't find device type"，则表示连接不成功，需要重新关机再连接直到连接成功。
连接成功如下图所示。

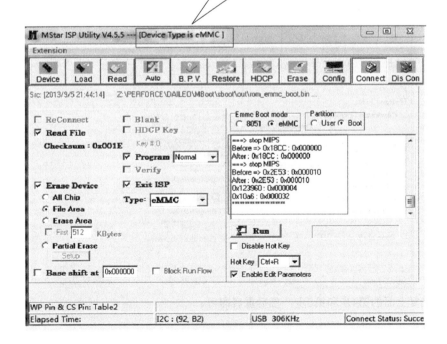

• 217 •

（5）单击"Run"按钮，开始烧录，烧录成功后会有绿色的 PASS 提示。

（6）烧写 mboot.bin。 单击"Read"按钮，选择 mboot.bin，单击"EISP loader"按钮，选择 muninn_EISP_uboot.bin。

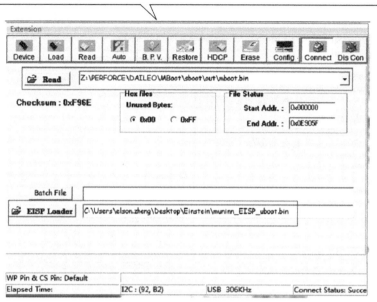

（7）Partition 选项选择 User（不能再用默认的 Boot，一定要选择 User），如下图所示。

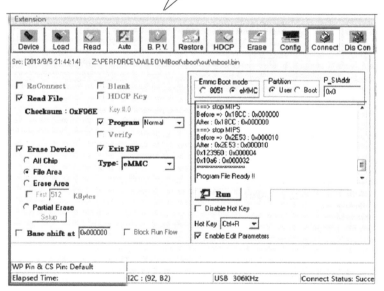

（8）重复上面的第4步和第5步，然后重启即可。

2. U盘升级mboot

（1）开机直接升级。

将 MbootUpgrade.bin 复制至 U 盘根目录，将 U 盘插至电视机任一 USB2.0 端口，开机，同时按住按键板的VOL－键(音量减键)。8s后自动开始升级，开始升级即可不再按 VOL－键；

升级过程有显示进度，升级完电视机会自动启动。

（2）将 MbootUpgrade.bin 复制至 U 盘根目录，将 U 盘插至电视机任一 USB2.0 端口，开机进入工厂菜单，选择"升级"项，进入以后选择"Mboot 升级"，单击"确定"按钮即会重启，然后自动升级。

升级过程有显示进度，升级完电视机会自动启动。

3. U盘升级主程序

（1）开机直接升级。

将主芯片 MstarUpgrade.bin 软件文件复制至 U 盘根目录，将 U 盘插至电视机 USB2.0 端口，开机，同时按住按键板 VOL＋键（音量加键）。8s后自动开始升级，开始升级即可不再按VOL＋键；

升级过程有显示进度，升级完成后电视机会自动启动。

（2）将 MstarUpgrade.bin 复制至 U 盘根目录，将 U 盘插至电视机任一 USB2.0 端口，开机进入工厂菜单，选择"升级"项，进入以后选择"软件升级"，单击"确定"按钮即会重启，然后自动升级。

升级过程有显示进度，升级完电视机会自动启动。

二、创维8M9X机芯的软件升级

1. ISP工具升级mboot

创维公司通用的ISP工具版本为ISP_Tool V4.4.3.9.exe。

（1）打开ISP烧录工具，选择上面一排的Config页，进入设置页面。

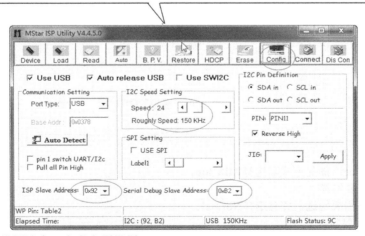

Speed：烧写速度，参考上图设置。

ISP Slave Address与Serial Debug Slave Address：当烧写Mboot时，地址分别为0x92与0xB2。

（2）选择上面一排的Read页，进入输入页面。

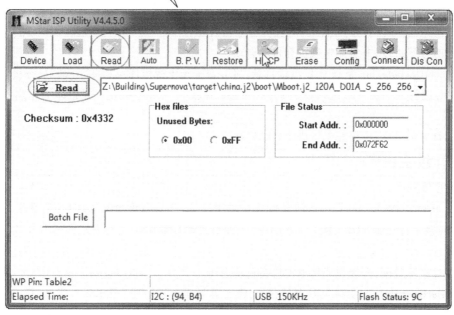

单击"Read"按钮，选择需要烧写的文件。

（3）选择最上面一排的Auto页，进入烧写页面。

烧写前的设置：
Erase Device：擦除方式，选择All Chip。
Blank：需要勾选。
Program：需要勾选，并且选择Normal。
Verify：需要勾选。
Exit ISP：需要勾选。

• 220 •

（4）选择上面一排的Connect，如果出现"Can't Find Device Type"提示，则表示连接失败，最好重新交流开机，交流开机两秒后再单击"Connect"按钮，直到提示连接成功为止。

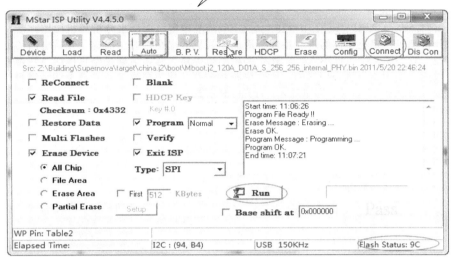

连接成功后，单击"Run"按钮开始自动烧写。

2. U盘升级Mboot

将mboot.bin文件放在U盘的根目录下，把U盘插在由上至下第1或第2个USB端口。进入工厂菜单的软件升级项，选择"升级Mboot"，在弹出的菜单中选择确认，机器黑屏后进入升级状态，升级后机器会重新开机。

进入工厂菜单的方法：按"音量减"键，直到音量为0，同时按下遥控器的"屏显"键即可进入工厂菜单，或者按工厂遥控器的"工厂调试"键（对应键码为3FH）也可进入工厂菜单。在工厂菜单根目录下，按"导航键"右键进入下一页。

退出工厂菜单的方法：按"屏显"键，即可退出工厂菜单。

第29日 液晶电视机整机电路分析(上)

一、整机介绍

师傅：徒弟们，今天我们以康佳LED32F3300CE型液晶电视机为例来分析整机电路，我相信通过分析此机，定能让你们进一步理解液晶电视机的电路，并全面提升分析电路的能力。现在，我们就从整机框图入手，逐步剖析整机电路。瞧，这就是整机框图，它是以超级平板图像处理器为核心构成的，所有电路均装在一块电路板上，是典型的一体机。其电路板可划分为三个区域，即电源区、背光区和主板区。

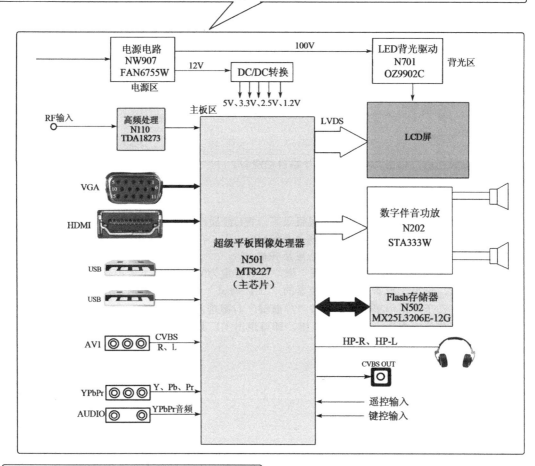

师傅：这是整机IC一览表。整机电路见附录B。

序 号	型 号	功 能	序 号	型 号	功 能
N501	MT8227	超级平板图像处理器(主芯片)	N602	IP4223CZ6	静电释放（防静电）
N502	MX25L3206E-12G	Flash存储器	NU01	IP4223CZ6	静电释放（防静电）
N801	SY8009A	DC/DC（5V转1.2V）	N205	APX809-2.93	复位IC（N202复位）
N802	FR9888	DC/DC（12V转5V）	N202	STA333W	数字伴音功放
N808	AMS1117-3.3	DC/DC（5V转3.3V）	N110	TDA18273	高频处理（高频转中频）
N809	WL2004（未装）	DC/DC（5V转3.3V）	N701	OZ9902C	LED电源控制器
N810	AMS1117-2.5	DC/DC（5V转2.5V）	NW907	FAN6755W	电源控制器
N806	WL2004	DC/DC（5V转3.3V）			

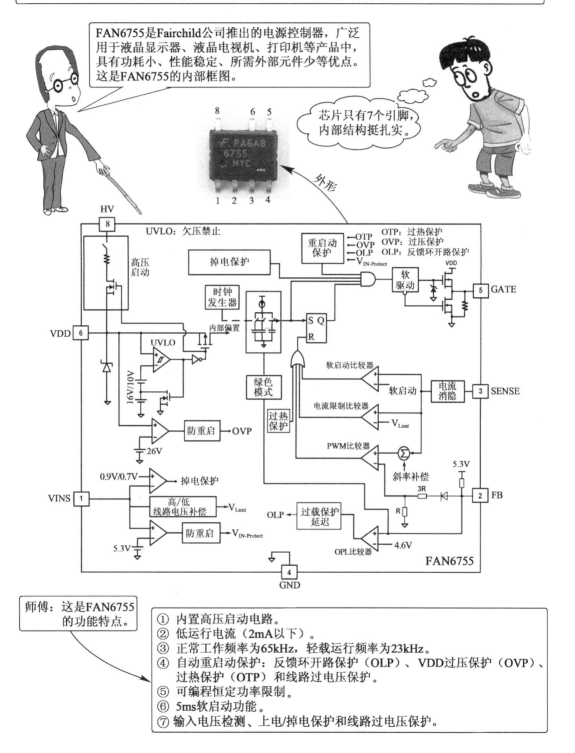

师傅：这是FAN6755的引脚功能。

引　脚	符　号	功　能
1	VINS	线路电压检测。若该引脚电压在0.9V以上，说明线路电压（输入的AC电压）正常，芯片能工作；若低于0.7V，说明掉电，芯片进入掉电保护状态，停止脉冲输出；若该引脚电压高于5.3V，则芯片进入线路过压保护状态，停止脉冲输出
2	FB	稳压控制端。5脚输出的脉冲宽度由该引脚电压进行控制。若该引脚电压下降，5脚输出脉冲的宽度会变窄；若该引脚电压上升，5脚输出脉冲的宽度会变宽。当该引脚电压达到4.6V时，执行反馈环开路保护
3	SENSE	开关管电流检测端。该脚电压超过0.83V时，过流保护动作，5脚提前输出低电平
4	GND	接地端
5	GATE	开关脉冲输出端，驱动外部场效应开关管工作
6	VDD	芯片供电端。当该引脚电压达到16V时，芯片启动，芯片启动后，只要该引脚电压不低于10V，则芯片仍旧维持工作状态，若低于10V，则芯片关闭5脚输出，芯片欠压保护；若该引脚电压达到26V，则芯片过压保护
7		无连接
8	HV	高压启动端。刚开机时，由8脚输入一个高电压（最大不得超过700V），通过内部电流源对6脚外部电容充电，当6脚达到16V时，芯片启动。芯片启动后，8脚功能被禁止

注：2脚还控制绿色模式，当2脚电压下降至3V时，芯片进入绿色工作模式，开关频率从65kHz向23kHz线性下降，以减小开关损耗。当2脚电压下降到2.4V时，开关频率下降至绿色模式的最低频率（23kHz）。

师傅：为了便于大家阅读实机电路，这里特别声明两点：①在分析电路时，电路图中的元件符号、序号及参数的表示方法均与厂图保持一致，不做任何调整；电路图中的各种地线符号也与原图保持一致，不做统一规范，但会在图中指明地线类型。②电路图的布局保持原图的风格，不做更改。下面开始分析电路。

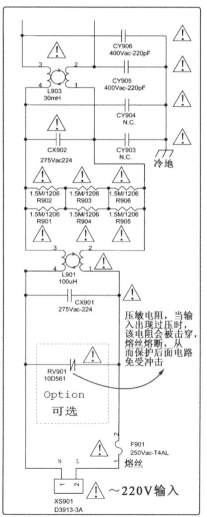

这是EMI滤波电路，用于滤除电网中的高频电磁干扰，同时能防止本机开关脉冲进入电网。

电源电路的工作情况，见附录B。

师傅：这是电源电路的几个关键检测点，在检修过程中，要充分利用这几个点来查找故障。

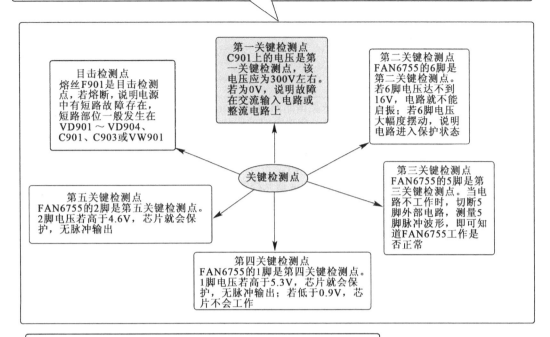

师傅：当电源各路输出均为0V，熔丝熔断时，应查如下部位。

① 检查整流二极管VD901～VD904是否被击穿；② 检查开关管VW901是否被击穿；
③ 检查300V滤波电容（C901和C903）是否被击穿。
当熔丝熔断时，一定要检查一下RT901有无连带损坏。当查出开关管VW901被击穿时，一定要附带查一下R912是否烧断。

师傅：当电源各路输出电压均为0V，但熔丝未熔断时，可查如下部位。

① 测C901上的电压，若为0V，说明交流输入电路中有断路现象。
② 若C901上的电压正常（300V左右），应查FAN6755的6脚电压。若6脚电压为0V，则查RW908是否开路，CW923、CW916有无击穿；若6脚电压低于16V，说明启动电压太低，应查RW908的阻值是否变大，C923、C916是否漏电。若上述元件正常，说明FAN6755损坏。
③ 若6脚电压在16V以上，应查1脚和2脚电压。若1脚电压低于0.9V或高于5.3V，则应重点检查1脚外部的分压电路。若2脚电压达到4.6V以上，则说明稳压环路开路，应对稳压环路进行检查。

师傅：若输出电压波动，则应检查如下部位。

① 芯片6脚外部的供电电路，即VW921、VDW921、RW921、CW920、VDW920、RW920等元件。
② 芯片2脚外部的稳压环路，即NW952、NW951及其周边元件。

师傅：值得注意的是，在实际检修中，因FAN6755引脚间漏电而导致FAN6755不工作的现象比较常见，检修时，只需对各引脚及芯片所在的电路板进行清洁处理即可排除故障。

三、背光驱动电路

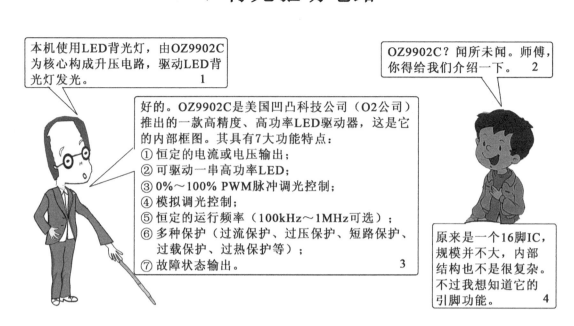

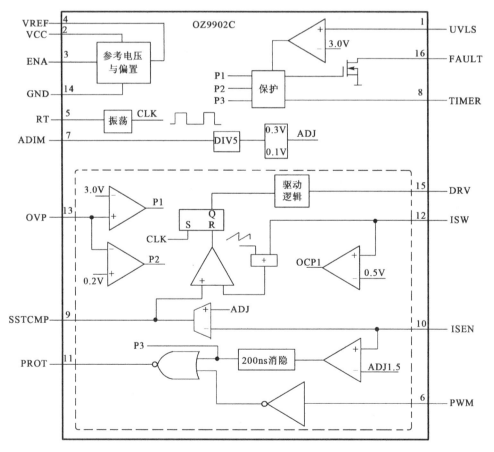

引 脚	符 号	功 能
1	UVLS	欠压锁定检测。低于3V时，欠压保护，并锁定
2	VCC	供电（8～16V）。低于7.5V时，欠压保护，但可恢复；低至6V时，保护状态被锁定（不可恢复，除非重启）
3	ENA	使能控制（控制芯片工作与否）。高电平时，芯片工作；低电平时，芯片停止工作
4	VREF	输出参考电压（5V）
5	RT	设置运行频率和主/从模式（如RT为33kΩ时，运行频率约为200kHz）
6	PWM	PWM亮度控制脉冲信号输入（采用PWM脉冲控制亮度）
7	ADIM	模拟亮度控制（采用直流电压控制亮度）
8	TIMER	外接延时电容，设置保护关断延迟时间。该引脚超过3V时，芯片关闭
9	SSTCMP	外接RC网络，设置软启动补偿时间
10	ISEN	LED电流检测。超过0.22V时，说明输出过载，芯片保护，11脚停止输出
11	PROT	调光驱动脉冲输出及短路保护
12	ISW	开关管电流检测。超过0.5V时，过流保护动作
13	OVP	过压保护检测。超过3V时，过压保护动作；低于0.2V时，说明输出短路，芯片保护动作
14	GND	接地
15	DRV	开关管驱动脉冲输出
16	FAULT	状态输出（漏极开路输出方式）

这是OZ9902C的引脚功能。

这是OZ9902C的实物外形。

师傅：值得一提的是，在OZ9902系列产品中存在两种结构及封装形式，OZ9902B/C采用16脚封装，而OZ9902A/G采用24脚封装，并且内部结构与前者不一样。应用时，应注意区分。这是OZ9902A/G的外形。

师傅：引脚功能我们已经了解完了，接下来，我就要分析LED背光驱动电路了。该机液晶屏使用两条LED灯条，这两条LED灯条串联后，由背光驱动电路供电。

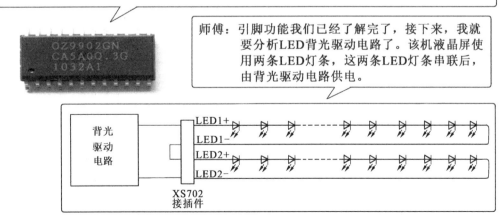

师傅：背光驱动电路的工作过程见下页。

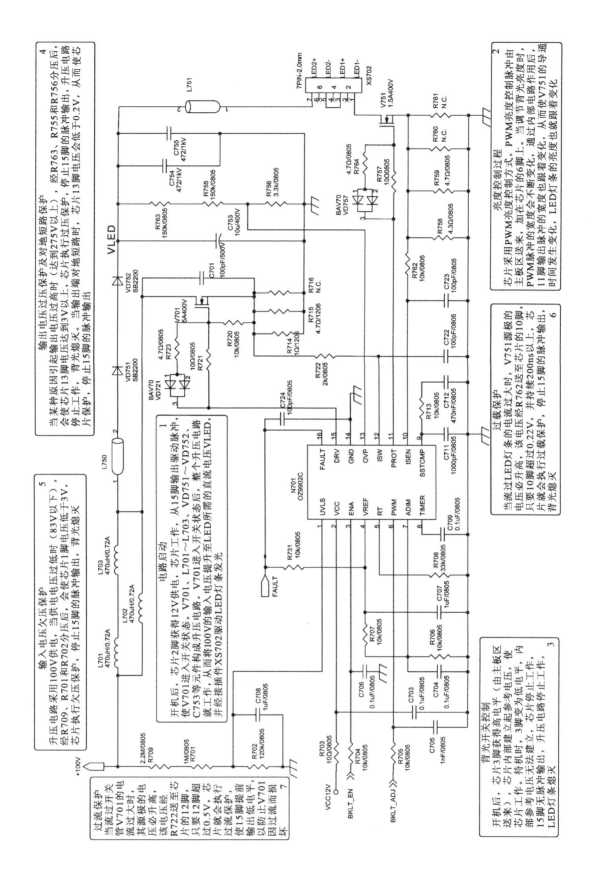

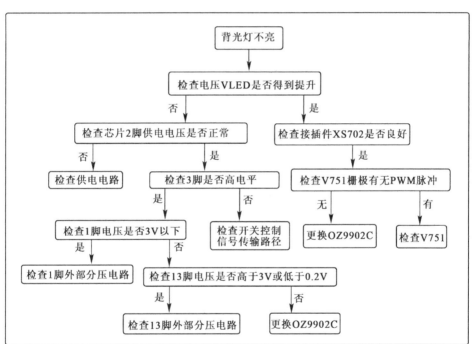

师傅：当出现背光灯亮一下即灭的现象时，说明保护电路动作，只要查出是何种保护，就可找到故障部位。为了检修方便，可人为取消保护功能（将芯片的8脚短路到地），开机后，背光灯会亮，快速测量芯片的13脚和10脚电压。若13脚电压超过3V，说明是由过压保护引起的，应重点检查13脚外部分压电阻有无变值；若10脚电压超过0.22V，说明是由过流保护引起的，应对V751及其源极电阻进行检查。

第30日 液晶电视机整机电路分析(下)

一、高频处理电路

师傅：高频处理是由TDA18273完成的，TDA18273是恩智浦半导体公司（NXP）推出的新型硅调谐器，具有无线网络抗干扰功能，可以屏蔽来自无线局域网（WLAN）和移动电话等无线网络接口的干扰。TDA18273硅调谐器不仅支持全球范围内的模拟和数字电视标准，还可以作为单一通用调谐器平台，用于地面或有线电视信号接收。TDA18273硅调谐器的噪声系数低至4dB，和传统的调谐器相比，性能显著提高。它既可安装在主板上，也可置于组件中。

这是TDA18273的内部框图，它具有如下一些功能特点：
① 射频范围为42～870MHz。
② 内置中频选频网络，外部无需声表面滤波器。
③ 内置振荡器，完全免调试。
④ 采用3.3V供电。
⑤ 内置功率电平检测器。
⑥ 综合宽带增益控制。
⑦ 自动AGC同步模式。
⑧ 快速调谐功能。
⑨ 1.7MHz、6MHz、7MHz、8MHz和10MHz带宽通道。
⑩ 预留了DVB-T2和DVB-C2接收条件。

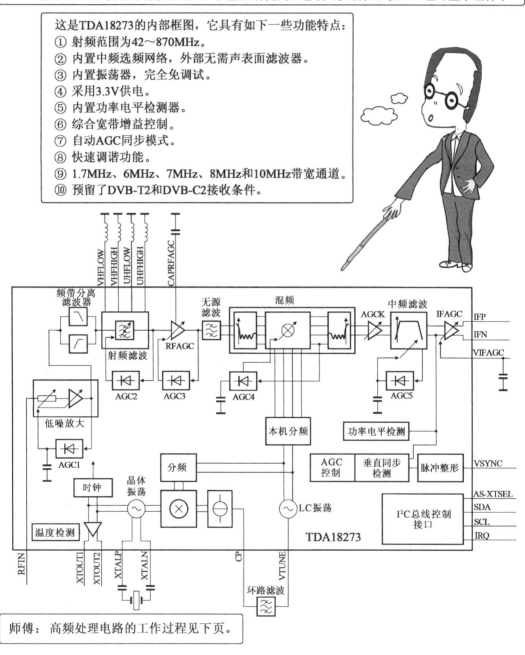

师傅：高频处理电路的工作过程见下页。

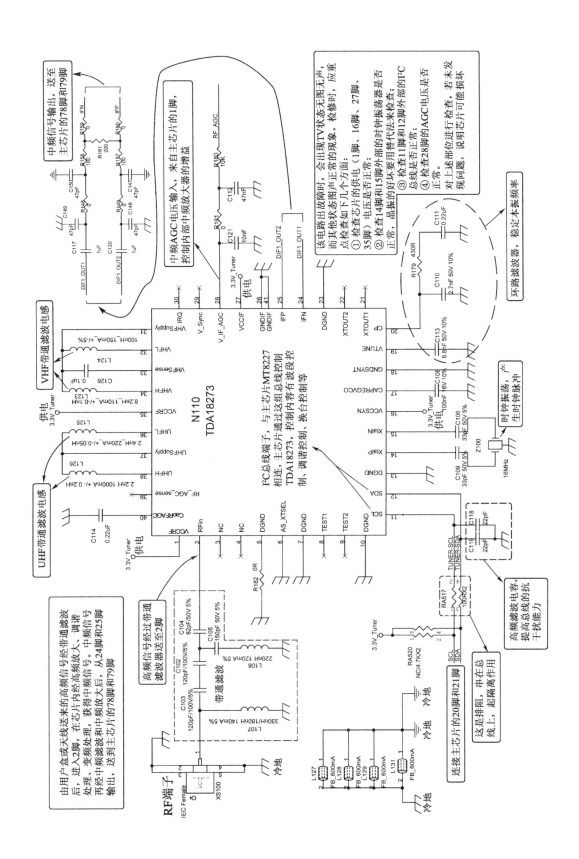

二、VGA信号输入电路

师傅：这是VGA信号输入电路。计算机主机送来的模拟R、G、B三基色信号分别从VGA接口的1、2、3脚输入，经各自的带通滤波器后，分别送至主芯片的60脚、58脚和56脚，由主芯片做进一步处理。计算机主机送来的行、场同步信号（HSYNC和VSYNC）分别从VGA接口的13脚和14脚输入，分别送至主芯片的55脚和54脚。计算机主机的I²C总线经VGA接口的12脚和15脚与主芯片的28脚和29脚相连，计算机主机与电视机主芯片之间通过I²C总线进行通信。计算机主机通过I²C总线可以检查电视机在VGA状态下的硬件设置情况及参数设置情况，以便识别电视机的身份。

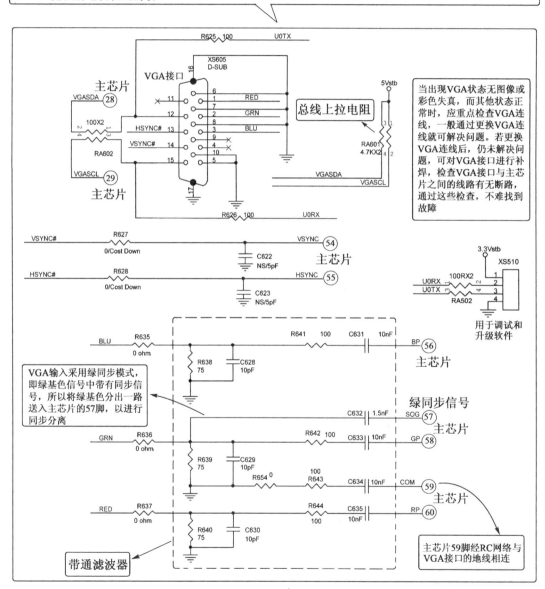

师傅：VGA接口的音频输入借用YPbPr的音频输入端子。

三、USB信号和HDMI信号输入电路

师傅：本机设有两个USB接口，如下图所示，允许输入两路USB信号，USB信号格式仅限于JPEG图片、MP3音乐、rmvb/avi/mp4视频，其他格式均不识别。每个接口的2脚和3脚为信号传输脚，USB信号最终送至主芯片，由主芯片进行解码。

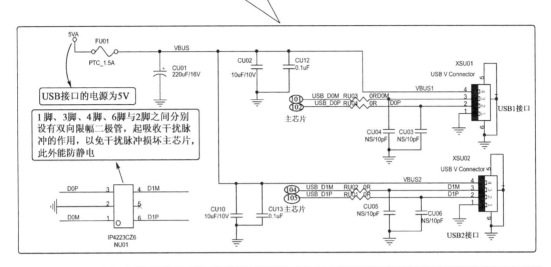

师傅：这是HDMI信号输入电路，HDMI信号属TMDS格式，该信号从HDMI接口输入，送至主芯片的39~46脚，由主芯片完成TMDS解码处理。HDMI接口的I²C总线与主芯片的35脚、36脚相连，主芯片通过这组I²C总线与外部设备进行通信。HDMI接口的CEC端与主芯片的37脚相连，外部设备通过CEC通道可以同步控制电视机，使二者一同播放、一同待机。

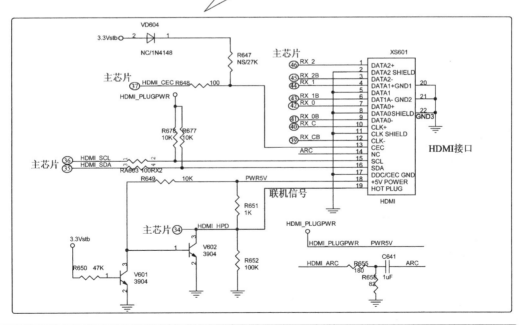

师傅：HDMI信号输入电路出故障时，只会影响HDMI状态的工作情况，其他状态的工作是正常的，故障往往出在接口电路上，一般是由于接口接触不良所致，应对接口进行补焊或更换接口。

四、AV信号及分量信号输入电路

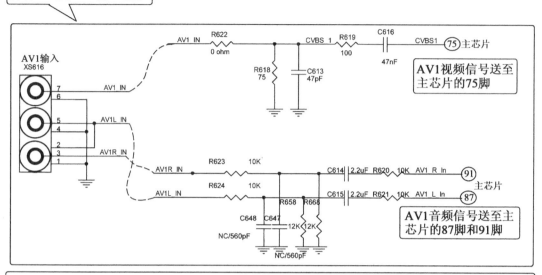

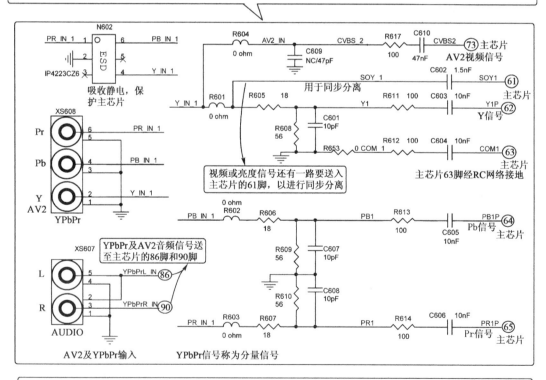

师傅：AV及分量信号输入电路的常见故障是由插孔接触不良，而导致图像时断时续或伴音时有时无，或者伴音中有噪声。处理的办法是用无水酒精清洗插孔或干脆更换不良的插座。

五、平板图像处理器（主芯片）

师傅：本机采用MT8227为主芯片，它是MTK（台湾联发科技）公司推出的超级平板图像处理器，集成了ARM9微处理器、双倍速率同步动态随机存储器（即DDR）、中频电路、模拟视频处理电路、模拟音频处理电路、数字视频处理电路、数字音频处理电路、耳机功放模块等电路，支持VGA、HDMI及USB等多种格式的信号解码功能，采用LVDS信号格式输出，外围电路简单，能有效降低成本。

这是主芯片的供电端口。主芯片工作时，需要3.3V、1.8V和1.2V三种供电电压，图中标有"3V3"的端子均为3.3V供电，标有"1V2"的端子均为1.2V供电，标有"DDR-V"的端子为1.8V供电，标有"VCCK"的端子为1.2V供电，这些端子为内部不同的电路进行供电。

师傅，既然主芯片需要三种供电电压，按理说只要安排三个供电端子来提供这三种供电电压就行了，为什么要安排那么多的供电端子呢？

这是因为主芯片内部含有大量的电路，为了确保各部分电路供电彼此独立，而不相互干扰，需要安排较多的供电端子，这些供电端子的外部都接有滤波电路。

原来是这样。

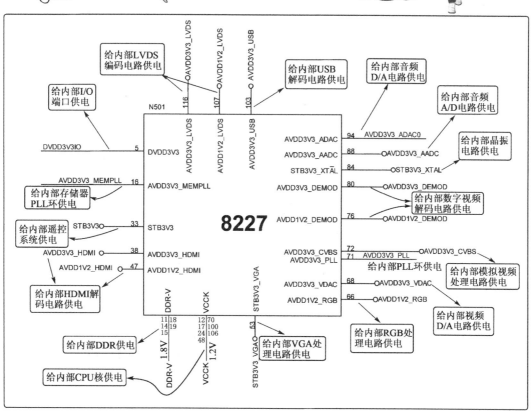

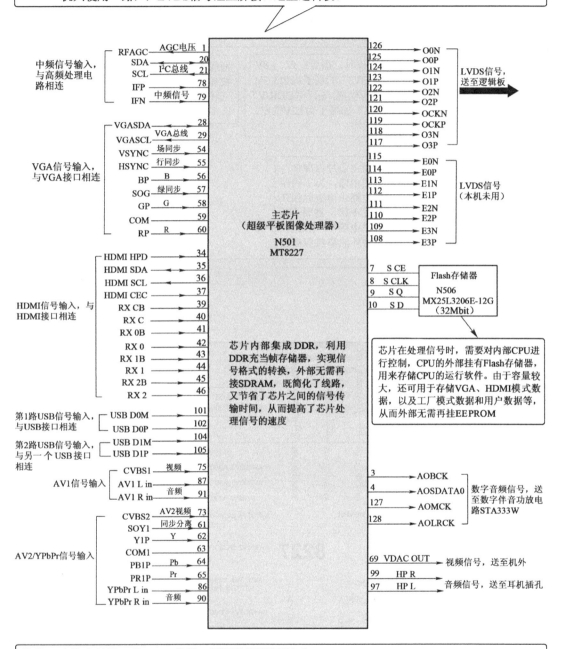

师傅：这是主芯片的控制部分。

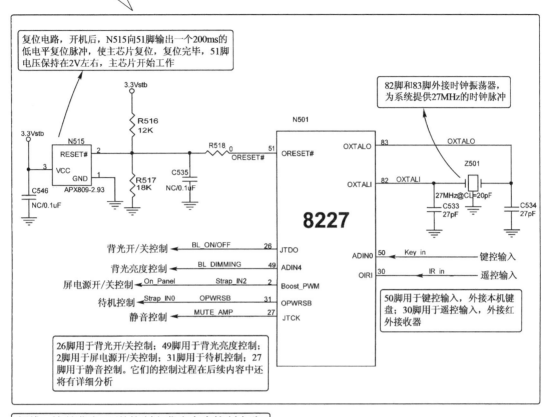

师傅：这是背光开/并控制和背光亮度控制电路。

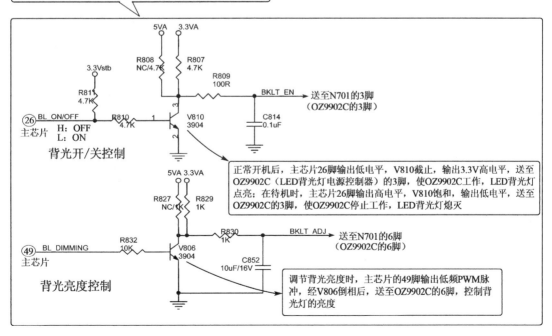

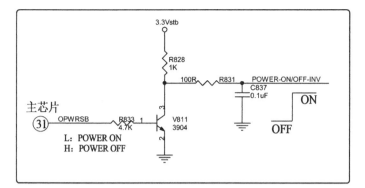

师傅：这是待机控制电路，正常工作时，主芯片31脚输出低电平，V811截止，其集电极输出高电平，送至电源电路，使电源电路处于正常运行状态。待机时，主芯片31脚输出高电平，V811饱和，其集电极输出低电平，使电源处于待机运行状态。

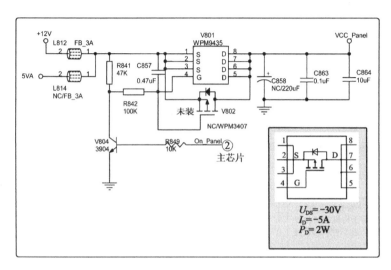

师傅：这是屏电源开/关控制电路，开机后，主芯片2脚输出高电平，V804饱和导通，其集电极输出低电平送到V801的G极，V801饱和导通，12V电压能送至液晶屏，使液晶屏工作。待机时，主芯片2脚输出低电平，V804截止，集电极为高电平，使V801截止，12V电压被切断，不能送至液晶屏，液晶屏停止工作。

师傅：这是静音控制电路，正常观看节目时，主芯片27脚输出低电平，V214截止，其集电极输出高电平，送至STA333W的23脚，使STA333W正常工作，扬声器发声。若按一下遥控器的静音键，则主芯片27脚输出高电平，V214饱和，其集电极输出低电平，送至STA333W的23脚，使STA333W无音频信号输出，扬声器不发声，处于静音状态。当使用耳机听伴音时，只要插入耳机插头，耳机插孔中的一个接地开关就会断开，从而使V217的基极变为高电平，V217饱和，其集电极为低电平，并送至STA333W的23脚，使STA333W停止伴音输出，扬声器不发声。

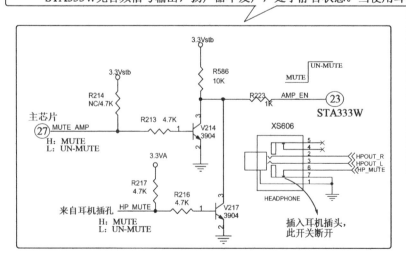

> 师傅：这是主芯片常见故障的检修方法。

（1）控制部分不正常时，会出现不能二次开机或开机后键控、遥控皆失灵的现象。应重点检查主芯片的三个基本工作条件（即供电电压、复位脉冲和时钟脉冲）。检查供电电压时，应重点查3.3Vstb和1.2V供电是否正常。检查复位电路和时钟振荡器时，最好采用替代法进行检查。通过对三个工作条件进行检查后，若仍未能发现问题，就得更换已写数据的Flash，若还是不能排除故障，则说明主芯片损坏，应更换。
（2）信号处理部分出故障时，液晶屏是能点亮的，故障现象仅表现在图声上，一般不外乎两种情况：一是无图无声（但字符显示正常）；二是画面异常（如马赛克、花屏、图像撕裂等）。
当出现无图无声时，应注意观察是所有的信号源均无图无声，还是某一信号源无图无声。若只是某一信号源无图无声，则故障仅局限在该信号输入电路上，与主芯片关系不大。若所有信号源均无图无声，而字符显示正常，说明主芯片的信号处理有问题，应重点检查主芯片信号处理部分的供电电压是否正常（3.3V供电、1.8V供电和1.2V供电都得检查），若供电正常，说明主芯片很可能损坏。在更换主芯片时，一定要用热风枪吹焊，并注意防静电操作。
当出现异常画面，而字符显示又正常时，说明主芯片损坏，应更换。
上屏接口的常见故障是接触不良，一旦接触不良，就会出现马赛克、花屏等现象（有时又会自动恢复正常），轻轻摇晃一下上屏接口，故障可能会消失，但过一会儿又会出现。解决此类故障的办法是对上屏接口进行补焊，并重插接插件。

六、DC/DC电路

> 师傅：这是主板区的供电配置图，由图可以看出，本机主板区需要12V、5V、3.3V、1.8V和1.2V五种供电电压，而电源电路只提供一组12V供电，这就要求在主板上设置一些DC/DC电路，来获得所需的供电电压，以满足主板的供电需要。

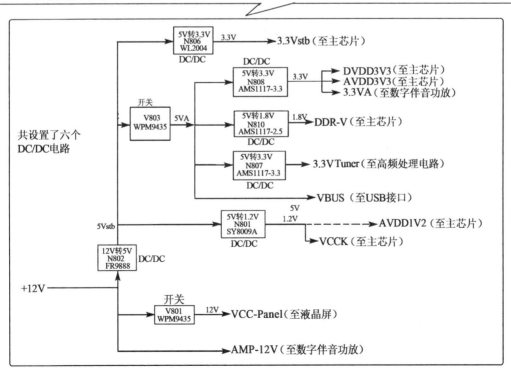

师傅：这是12V转5Vstb电路，12V转5Vstb是由FR9888完成的，FR9886是天钰科技公司开发的一款2.5A低压开关稳压器，可组成降压型串联开关电源。12V电压一方面从2脚输入，另一方面经R835加至7脚，使内部电路启动，内部振荡器产生开关脉冲，进而使内部开关管进入开关工作状态。在内部开关管饱和期间，12V电压从2脚输入，经内部开关管后从3脚输出，再经储能电感L806对C843、C848、C840、C834四个并联电容充电，在并联电容上建立起输出电压，同时在L806上储存能量。在内部开关管截止期间，L806产生右正左负的自感电压，对并联电容进行充电，使输出电压的纹波减小。电路具有稳压功能，当输出电压上升时，经R836和R834分压后，5脚电压也上升，经内部电路处理后，使开关管饱和时间缩短，输出电压下降。同理，若输出电压下降，则5脚电压也下降，经内部电路处理后，开关管饱和时间会变长，使输出电压也上升，由于5脚的稳压作用，输出电压总保持稳定。输出电压U_O的大小取决于5脚外部电阻，可按下式进行计算：

$$U_O = 0.925 \times (1 + R_{836}/R_{834})$$

式中，R_{836}和R_{834}分别代表R836和R834的阻值。若将图中数据代入式中，可算出输出电压为5.03V，这个电压记为5Vstb。

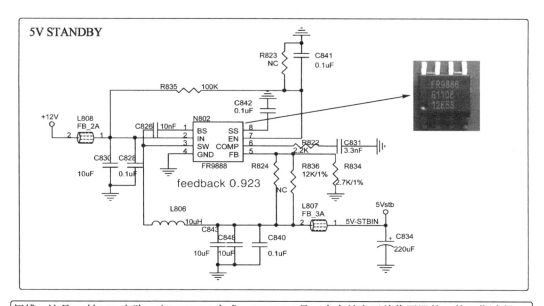

师傅：这是5V转1.2V电路，由SY8009A完成，SY8009A是一个高效率开关稳压器件，其工作过程类似于FR9888。输出电压由6脚外部电阻决定：$U_O = 0.6 \times (1 + R_{801}/R_{803})$，式中，$R_{801}$和$R_{803}$分别代表R801和R803的阻值。若将图中数据代入式中，可算出输出电压为1.26V，简称1.2V，记为VCCK，VCCK经L826后，记为AVDD1V2。VCCK和AVDD1V2均给主芯片供电。

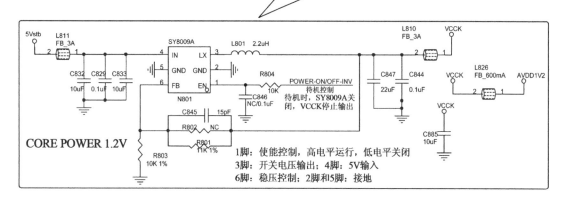

师傅：5Vstb电压经场效应管V803后，变成5VA电压。5VA电压受控于VCCK（1.2V）电压，在待机时，VCCK电压为0V，故V805截止，V803也截止，5VA被切断；只有在开机状态下，5VA才正常输出。

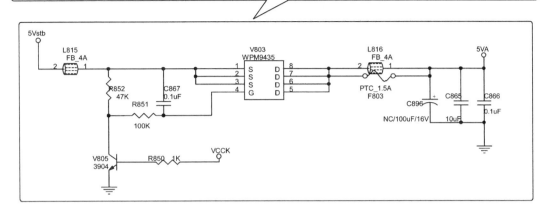

师傅：这是5V转3.3V电路，使用三端稳压器来完成。这个3.3V记为"3.3Vstb"，给主芯片CPU部分供电，它不受待机电压的控制。

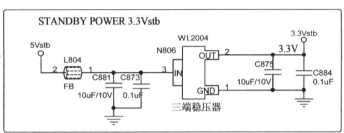

师傅：这是5V转3.3V电路，使用三端稳压器来完成。这个3.3V给主芯片供电，它受待机电压的控制，在待机状态下，5VA被切断，故这个3.3V也被切断。

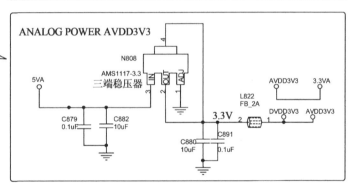

师傅：这是5V转1.8V电路，使用三端稳压器来完成。这个1.8V给主芯片中的DDR供电，它受待机电压的控制，在待机状态下，5VA被切断，故这个1.8V也被切断。

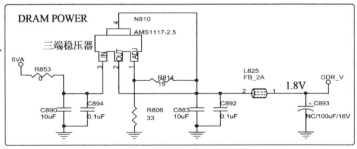

师傅：另外，还有一个5V转3.3V电路，用于给高频电路供电，这个电路的结构与上述电路一样，故不再赘述。

七、数字伴音功放电路

师傅：本机数字伴音功放电路由STA333W担任，电路如下图所示。主芯片采用I²S总线输出数字音频信号，该信号包含4路，即数据信号（DATA）、左右时钟信号（LRCK）、位时钟信号（BCK）及主时钟信号（MCK），它们分别送至STA333W的30～27脚，由STA333W内部电路进行数字处理，并转换成左右两路音频PWM信号，PWM信号经功率放大后，左路从10脚和13脚输出，右路从6脚和9脚输出，送至外部低通滤波器。

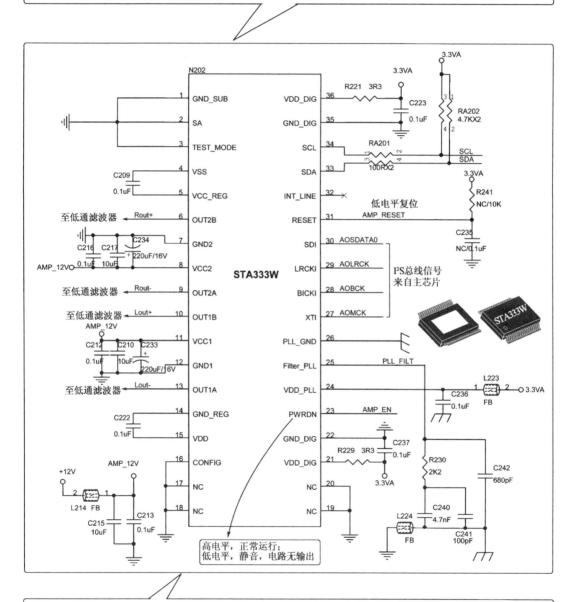

徒弟：师傅，STA333W上好像没有音量、音调控制脚，音量和音调控制是怎样实现的？
师傅：你们注意了没有，芯片上设有I²C总线端子（33脚和34脚），主芯片就是通过I²C总线来实现音量和音调控制的。
徒弟：原来是这样。

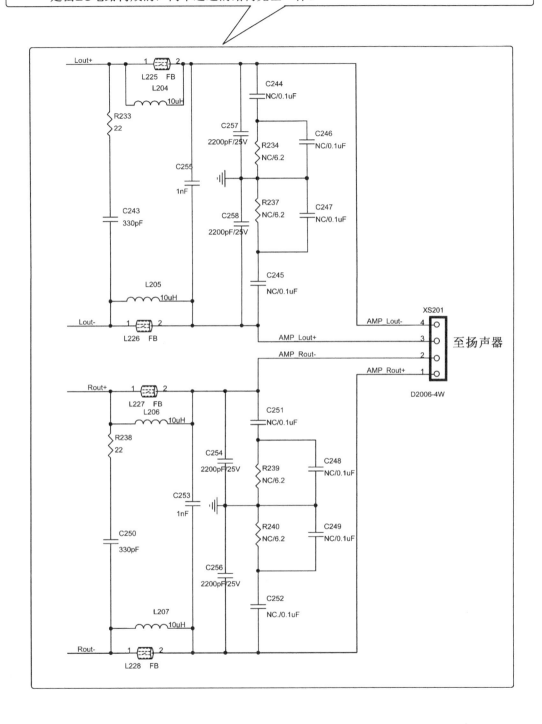

反侵权盗版声明

电子工业出版社依法对本作品享有专有出版权。任何未经权利人书面许可，复制、销售或通过信息网络传播本作品的行为；歪曲、篡改、剽窃本作品的行为，均违反《中华人民共和国著作权法》，其行为人应承担相应的民事责任和行政责任，构成犯罪的，将被依法追究刑事责任。

为了维护市场秩序，保护权利人的合法权益，本社将依法查处和打击侵权盗版的单位和个人。欢迎社会各界人士积极举报侵权盗版行为，本社将奖励举报有功人员，并保证举报人的信息不被泄露。

举报电话：（010）88254396；（010）88258888
传　　真：（010）88254397
E-mail：dbqq@phei.com.cn
通信地址：北京市海淀区万寿路 173 信箱
　　　　　电子工业出版社总编办公室
邮　　编：100036